智能时代计算机专业系统能力培养纲要

教育部高等学校计算机类专业教学指导委员会
智能时代计算机专业系统能力培养研究组　编制

U0218636

机械工业出版社
China Machine Press

图书在版编目（CIP）数据

智能时代计算机专业系统能力培养纲要 / 教育部高等学校计算机类专业教学指导委员会智能时代计算机专业系统能力培养研究组编制 . -- 北京：机械工业出版社，2021.5（2021.6重印）

ISBN 978-7-111-68144-1

I. ① 智… Ⅱ. ① 教… Ⅲ. ① 电子计算机 - 人才培养 - 研究 - 中国 Ⅳ. ① TP3

中国版本图书馆 CIP 数据核字（2021）第 075962 号

出版发行：机械工业出版社（北京市西城区百万庄大街 22 号 邮政编码：100037）

责任编辑：温莉芳　游 静	责任校对：马荣敏
印　　刷：北京建宏印刷有限公司	版　　次：2021 年 6 月第 1 版第 2 次印刷
开　　本：186mm×240mm　1/16	印　　张：12
书　　号：ISBN 978-7-111-68144-1	定　　价：79.00 元

客服电话：(010) 88361066　88379833　68326294　　　投稿热线：(010) 88379604
华章网站：www.hzbook.com　　　　　　　　　　　　　读者信箱：hzjsj@hzbook.com

目　　录

1

概　　论

1.1 专业特点与背景

1.1.1 计算机科学与技术专业特点

计算机科学与技术专业于 20 世纪 50 年代末创建，20 世纪 80 年代以后得到了快速发展。与其他专业相比，计算机科学与技术专业具有鲜明的自身特点，主要体现在以下几方面。

1. 快速演化性

计算机科学与技术发展的一个显著特点是快速演化性。在经历了主机时代、网络时代之后，目前正在进入智能时代。在每一发展时期，新概念、新方法、新技术以及新工具层出不穷，例如，近期的"物移云大智链"（物联网、移动互联网、云计算、大数据、人工智能以及区块链）及其融合成为主流，新概念和新技术接踵而来。计算机专业教育必须解决好相对稳定的教学内容和计算机科学与技术及其应用快速发展的矛盾。

2. 形态多极性

计算机科学与技术目前已经进入系统形态的多极化发展阶段。例如，既有标志国家计算机技术发展水平的超级高性能计算系统，又有以智能手机为代表的广泛普及的各类小型化、微型化、便捷化的智能移动终端。其中既有自然交互、良好体验的多媒体计算机系统，又有多维感知、自主行动的各种智能机器人系统。嵌入式计算与高速无线通信有机结合而形成的移动计算系统也已经成为主流的计算系统形态之一。计算机专业教育必须解决好计算系统形态多极性与专业教育基础性的矛盾。

3. 学科交叉性

计算机科学与技术是多学科交叉形成的，以数理基础和计算系统为根本，同时与其他学科也有着广泛联系，且具有很强的理论性和实践性。例如，计算机硬件设计与电子学紧密相关，计算机芯片制造与固体物理学相关，而用于构造、分析和软件验证的形式化方法更多地以数理为基础。从计算技术的本质而言，其是服务型技术，只有融于其他领域，形成"计算 +X"，才能发挥它应有的潜力。计算机科学与技术不仅与基础性学科交叉融合，形成计算化学、计算材料学等，而且与其他领域技术有机集成，形成更为复杂的工程系统。计算机专业教育必须解决好专业性主导与交叉性融合如何适度均衡的矛盾。

上述主要特点增加了计算机科学与技术专业教育的相对难度。快速演化性使得计算机专业教育难以较长时期保持稳定，形态多极性使得计算机专业教育的计算平台不能单一化选定，而学科交叉性使得计算机专业课程具有广泛性。

1.1.2　背景与意义

1. 高等教育处于重要变革时期

目前，全球高等教育正处于重要变革时期，而且我国适应新时代的高等教育也正处在变革和实施过程之中。

（1）**高等教育发展趋势**　进入 21 世纪，尤其是近年来，面对世界范围内经济全球化、网络信息社会快速发展以及新技术革命引发知识经济等背景，为适应时代需求，高等教育正在发生着深刻变革。其主要表现为外因引发了高等教育国际化、高等教育信息化以及高等教育社会与产业紧密化，内因产生了高等教育结构多样化、高等教育课程综合化以及高等教育宗旨终身化等趋势。

（2）**新时代下我国高等教育发展新目标**　高等教育发展水平是一个国家发展水平和发展潜力的重要标志。办好高等教育事关国家发展，事关民族未来。党的十九大报告指出"加快一流大学和一流学科建设，实现高等教育内涵式发展"，这是党和国家在中国特色社会主义进入新时代的关键时期对高等教育提出的新要求。2018 年政府工作报告特别强调以经济社会发展需要为导向，优化高等教育结构，加快"双一流"建设，支持中西部建设有特色、高水平的大学。这是我国新时代高等教育发展的新目标，是高等教育最紧迫的战略任务。要实现由"教育大国"向"教育强国"转变，就必须打造更多具有特色的一流大学与一流学科。不仅必须培养一批能与国际领军人才比肩的优秀创新人才，还需要培养大批适应我国新时代发展目标的专业型与工程型人才，为经济社会发展提供有力创新支撑和文化引领。而无论是一流大学还是一流学科都必须以一流本科教育作为重要基础。

2. 计算机专业教育简要回顾

（1）**主机时代计算机专业教育**　在主机时代早期，计算机专业教育以为数不多的主流主机系统为对象，以计算方法和程序设计教学为重点，以计算机组成原理、计算机操作系统、编译原理以及高级语言程序设计等为骨干课程，以培养学生的硬件设计与高级语言程序设计能力为主要目标。20 世纪 80 年代末之后，微处理器问世并快速发展，引发个人计算机普及，计算机专业教育则更多基于个人计算机（PC）而构建。计算机专业教育多以 80x86 处理器为硬件对象，以 Windows、UNIX 为操作系统教学实例，以非数值算法以及 C 语言程序设计为重点。各高等院校计算机专业为了强化实践，纷纷建立以 PC 机为主体的计算机实验中心。在此阶段主要注重计算机系统硬件集成、大型软件开发以及应用系统设计等能力。

（2）网络时代计算机专业教育　自 20 世纪末开始，随着互联网迅速普及以及计算机应用更为广泛，原有的计算机专业教育已远不能反映网络社会对计算机专业人才的培养要求，计算机专业人才培养从注重"程序"设计变为强调"系统"设计。其背景如下：

1）在网络时代，传统计算系统发生重要变化，出现多种类型的计算系统形态，而且呈现普适化发展趋势。例如，嵌入式系统不仅广泛应用在工业控制、航空航天等领域，而且在移动智能终端、信息家电等领域得到更为普适的应用，使得嵌入式计算普适化；移动互联网从 2G、3G、4G 快速进化，个人与企业应用不断丰富，使得移动计算系统普适化；核心处理器从单 CPU 向多核 / 众核发展，使得并行计算普适化。

2）各类计算系统接入互联网，促使网络应用日趋丰富，并成为主流。不再仅仅是服务器、台式计算机广泛联网，更多的智能平板、智能手机、信息家电以及商业终端接入互联网络，以多媒体技术为主体的各种网络应用 App 应运而生，软件形态发生重要变化。

以上背景导致计算机科学与技术涵盖范围不断扩大，计算机更多向"系统"层面转移，计算机专业教育更多关注计算系统机理、开放系统结构、系统与外界交互等。从而引发了计算机专业教育从教学内容到教学方式的重要变革。这主要体现在深化计算机系统、强化计算机网络以及扩展多媒体可视化技术课程等方面。

（3）计算机类专业点快速增加　自 2012 年以来，计算机专业逐步发展为计算机类专业。主要包括计算机科学与技术、软件工程、网络工程、信息安全、物联网工程、数字媒体技术等具体专业，还增设了智能科学与技术、空间信息与数字技术、电子与计算机工程等特设专业。2014 年全国计算机类招生已快速达到 2481 个专业点。新开设专业引入若干计算机应用技术课程，而各种细分专业的教学计划区分度并不明显。2016 年"新工科"概念被提出，其出发点是适应引领新经济发展的战略视角，对国际工程教育改革发展做出中国的本土化回应，截至 2017 年，专业布点数达 2954 个；2017 年以来，为主动应对新一轮科技革命和产业变革，支撑服务创新驱动发展、"新一代人工智能发展"等一系列国家战略，教育部推进"新工科"建设，发布《高等学校人工智能创新行动计划》以及新工科研究与实践首批项目推荐等。在建立新型工科专业的推动下，数据科学与大数据技术、网络空间安全、人工智能等专业大幅增加，截至 2020 年 8 月，全国计算机类已有 17 个专业，招生专业点已达到 3976 个。其中计算机科学与技术专业点已经达到 1006 个，是理工科数量最大的专业点，同时也是招生数量最多的本科专业。

3. 计算机科学与技术专业教育改革与创新势在必行

结合计算机科学与技术的特点，进行系统能力培养研究更为具体的背景与意义体现在以下方面。

（1）**时代需求**　计算技术经历主机时代、个人机时代以及网络时代，正在进入智能时代，其以"物移云大智链"智能科技协同发展、人机物融合形成新型计算环境为主要特征，正在并必将带来智能经济、智能社会与智能生活的重要变化。以新型计算技术为核心的智能科技快速发展必然引发计算机专业教育的优化与变革。因此适应智能时代的计算机专业系统能力培养，才能更好地培养适应时代需求的计算机创新人才。

（2）**问题导向**　进入 21 世纪以来，一方面，全球科学技术更加趋向于融合和交叉。另一方面，我国计算机专业教育人为或自然地快速分化或细分，已由最初的计算机科学与技术 1 个主专业，形成了由 17 个专业组成的计算机类专业教育。尽管如此，计算机科学与技术专业仍然是各类高等院校理工科开设最多的专业，在计算机类专业中扮演核心角色是毋庸置疑的。但如何扮演好这一角色？具体而言，如何优化教学内容、强化能力培养，提升教学质量、更好支撑计算机类专业教育？这些已成为必须尽快解决的问题。

（3）**内在动力**　自 20 世纪末以来，我国的计算机科学与技术专业教育的优化与改革基本上参考美国 IEEE/ACM 提出的计算机教程，进而提出和实施适合我国的计算机专业教育指导建议。进入 21 世纪以来，我国计算机专业教育（包括计算机系统能力培养）取得了重要进展，计算机科学与技术专业经历三十多年快速发展，在创新研究和应用领域与国际先进水平差距逐步缩小，部分已处于并跑状态。计算机专业教育在借鉴国际先进经验的同时，还需要同步自主地提出适应智能时代的系统能力培养纲要。

1.1.3　内容与目标

1. 智能时代计算机专业系统能力培养纲要设置原则

（1）**引领性**　基于智能时代计算机科学与技术发展及其领域应用特点，面向我国未来十年科技、经济与社会发展的计算机专业人才需求，在总结和传承我国已有计算机专业教育优势，分析借鉴国际计算机教育经验与特点，预测计算机专业教育未来趋势的基础上，提出体现智能时代特征的计算机科学与技术专业系统能力培养优化与改革方案，引领我国计算机专业教育发展方向。

（2）**普适性**　我国已有超千所不同类型的高校设置了计算机科学与技术专业，师资队伍、学生基础以及专业条件差别较大。智能时代计算机专业系统能力培养纲要以大多数高校计算机科学与技术专业发展需求为重点进行知识与能力的重构和优化，并适度调整以适应具有较好基础的普通高校计算机科学与技术专业，力求扩大其覆盖面。

（3）扩展性　面向 17 个计算机类细化专业，尽管其培养目标和教学内容各有差异，但其基础和核心教学内容中计算理论与计算系统仍占很大比例。计算机科学与技术专业教育知识结构与能力素养优化以及形成的实施指导方案能够有效支撑计算机类其他专业培养方案的制定与优化。

2. 纲要内容

本纲要主要包括以下内容：

1）分析智能时代计算机科学与技术专业发展特点以及智能时代计算机专业系统能力培养知识结构和能力素养需求。

2）在分析国内外计算机科学与技术专业教育现状和发展动态的基础上，明确适应我国智能时代计算机专业系统能力培养的优化思想和实施框架。

3）提出智能时代计算机专业系统能力培养层次化方案体系。给出数理基础、计算平台、算法与软件、共性应用四个层次的知识单元优化与系统能力提升要点。还给出主要专业课程为适应智能时代而减弱、增强或扩展的知识点和能力培养提升点。

4）给出典型类别的计算机科学与技术专业教育建议以及计算机类其他专业教育优化建议。

3. 纲要目标

本纲要以明确智能时代计算机专业系统能力培养优化方向，提升计算机专业教育对新时代的适应性，为我国智能科技自主发展，智能经济与智能社会不断进步提供专业型与复合型计算机创新人才为总体目标。

以形成智能时代计算机科学与技术专业层次化知识结构和多维化能力素养培养方案，指导计算机科学与技术专业系统能力培养教学方案优化和改革，支撑计算机类专业健康快速发展为具体目标。

1.2　智能时代计算机科学与技术发展特点及人才需求

1.2.1　智能时代计算机科学与技术发展特点

2016 年，以 AlphaGo 在围棋人机世纪大战中战胜人类、国内外无人驾驶汽车在高速公路正常行驶等标志性事件，引发了全球对智能科技的高度关注和巨大投入，形成了智能时代元年。事实上，近几年来全球科技发达国家和世界著名企业强力推动智能科技快速发展，并引领和推动智能经济、智能社会以及智能生活的重要变化，已经标志着智能时代的来临。在智能时代，计算机科学与技术不仅更加具有基础性和重要性，大有用武之地，而且引发了多种新型计算模式，呈现出多种新型应用特征。

1. 人工智能研究与应用进入新阶段

人工智能（AI）原意是计算机像人一样认知、思考和学习，即计算机模拟人的智能。从基于能力的角度理解，AI 是用人工方法在机器上实现的智能，称之为机器智能。从面向学科的角度理解，AI 是一门研究如何构造智能机器或智能系统，以模拟、延伸和扩展人类智能的学科。AI 从概念提出至今已在计算机科学与技术领域有 60 余年研究历史，经历了推理期与知识期（AI1.0），并已在机器定理证明、自然语言理解、专家系统、模式识别以及智能控制等领域得到较为广泛的应用。

近年来，随着互联网与移动互联网、云计算与大数据等信息环境发生巨变，智慧城市、智能交通、智慧医疗、智能制造等社会新需求急剧爆发，推动 AI 进入了学习期（AI2.0）。在全球范围内，以深度学习为核心的 AI 研究与应用已经形成主流，处于加速发展阶段。2016 年 10 月美国国家科技委员会发布《为人工智能的未来做好准备》和《美国国家人工智能研究与发展策略规划》重要战略文件，将 AI 上升到国家战略层面，为美国 AI 发展制定了宏伟计划和发展蓝图。德国结合工业 4.0 重点发展智能产品和智能制造。

2017 年 7 月，我国发布了《新一代人工智能发展规划》，在分析 AI2.0 的深度学习、跨界融合、人机协同、群智开放、自主操控等新特征的基础上，提出了大数据智能、跨媒体智能、人机混合智能、群体智能以及自主智能系统等研发重点，明确了 2030 年我国人工智能理论、技术与应用达到世界领先水平的发展目标。目前已经启动实施新一代 AI 国家重大专项。

事实上，数据驱动、场景驱动的深度学习已在语音识别、人脸识别、自动驾驶、精准营销以及医疗健康等方面取得较好成效。人工智能技术正在工业制造、智能交通等领域引发全价值链的产业革命以及相应的社会变革。由此，越来越多的决策者认为，人工智能也具备在更广泛领域支持人类实现可持续发展及其所需社会变革的潜能。随着人工智能技术在生产、学习和生活中的迅速普及，人类社会正在加速进入一个人类与智能机器共同生活和协同工作的时代。

2. "物移云大智链"融合发展

在智能时代，并非人工智能一家独大，而是呈现"物移云大智链"融合发展的态势。

（1）**正在呈现万物互联**　物联网是通过信息传感设备，按照约定协议把任何物品与互联网连接起来进行信息交换和通信，以实现智能化识别、定位、跟踪、监控和管理的一种网络。其发展目标是实现更广泛的互联互通、更全面的物体感知以及更综合的智能服务。早在 2013 年，国务院发布了《关于推进物联网有序健康发展的指导意见》，总体目标是实现物联网在经济社会各领域的广泛应用，掌握物联网关键技术，基本形成安全可控、具有国际竞争力的物联网产业体系，成为推动经济社会智能化和可持续发展的重要力量。物联网相关的感知技术、体系结构、软件平台等已取得重要进展，并在食品安全、人口管理、环境监测等领域的 RFID 规模化应用中取得了显著的经济和社会效益。物联网正在应用于智慧城市、智慧工厂、智慧农业、智能交通、智能物流、智能电网、智能家居以及智慧医疗等领域。例如，在工业互联网和智能制造的推动下，工业物联网成为发展重点之一，其将 RFID 和工业传感器等具有环境和状态感知能力的各类终端通过多模式网络融入工业生产各个环节，实现人、机器和系统之间的智能化和交互式无缝连接，力求改变传统自动化技术中被动的信息收集方式，实现自动、准确、及时地收集生产过程的生产参数和工业全流程的"泛在感知"，以达到提高制造效率，改善产品质量，降低产品成本和资源消耗的目标。5G 的快速部署与推广，将大大加快物联网技术进步与规模化应用部署，智能时代必定是万物互联的时代。

（2）**移动互联进入 5G 时代**　移动互联网是将移动通信和互联网结合为一体的网络，其以宽带 IP 为核心技术，同时提供语音、数据、多媒体业务服务。用户使用手机和平板电脑等移动终端来获取丰富的网络服务。目前移动互联与智能手机的特点是"3G 正在消失、4G 已为主流、5G 加快部署"。据国家工业和信息化部统计，截至 2020 年 6 月底，我国三大运营商的 4G 用户已达 12.83 亿户，5G 用户已过亿。从技术层面讲，我国已从"2G 跟随、3G 参与"发展为"4G 创新、5G 领先"。在应用层面，移动互联网已从具有数百万 / 千万可轻松下载的 App、个人应用十分丰富，发展为政府与企业移动互联网应用成为重点。例如，工业和信息化部在推动工业互联网发展的过程中，提出开发 100 万个工业 App，企业管理与服务更多基于移动互联网。5G 所具有的高速度、高密度、低功耗、低时延等技术特征将在智能时代形成泛在部署、万物互联、更好体验的移动环境。

（3）**云计算应用日趋成熟**　云计算是一种聚集计算、软件、数据等 IT 资源通过互联网为个人和企业用户提供服务的新方式，体现出一种新的 IT 基础架构管理方法论。云计算将大量用网络连接的 IT 资源（如大规模服务器集群、网络存储、多类软件、各类信息）统一管理，构成 IT 资源池为用户服务。云计算不仅具有"弹性资源、按需服务、多模接入"等特征，而且形成"充分共享、性价优良、节能降耗"等优势。自 2015 年国务院发布《关于促进云计算创新发展培育信息产业新业态的意见》以来，我国已基本实现云服务器、云存储以及云操作系统等核心设备与技术的自主可控。在云计算应用创新上，政务云、金融云、教育云、制造云等领域云服务获得阶段性成效。云计算经历十余年发展历程，从初步形成、快速发展等阶段，目前已进入成熟应用阶段，并在关键技术和应用规模上实现对传统 IT 的全面超越。IDC 发布的《全球云计算 IT 基础设施市场预测报告》表明，全球云上 IT 基础设施占比超过传统数据中心，已经成为市场主导者。在技术层面，云计算在成本、稳定性、安全和效率上已远超传统 IT 基础设施。我国重视云计算及其应用发展，百万企业上云工程正在实施。容器、微服务等云计算原生技术仍在发展，智能云、云边协同以及智能运维技术处于创新之中。

（4）**大数据价值初步显现**　大数据是指无法在一定时间内用传统软件工具对其内容进行采集、存储、管理和分析的数据集合。大数据更准确的含义是大数据技术，是从海量复杂数据中获得信息所需要的软件、硬件和服务技术。大数据具有的特点以及关联分析、注重预测、智能处理等特征，使其不仅在提升社会管理能力与水平，支持政府创新和社会精细化管理方面，而且在提升社会生产制造与运营效率，实现目标市场细分及精准营销、产业链管理及优化，以及提升面向公众的社会服务体验等方面具有巨大潜在应用价值。国务院 50 号文件《促进大数据行动发展行动纲要》提出了大数据应用发展要点与举措。党的十八届五中全会公报提出实施"国家大数据战略"，标志着大数据战略正式上升为国家战略，开启了大数据及其应用的新篇章。目前，传统领域数据化、移动互联网、物联网等形成了大数据的多维入口，多种不同能力的大数据并行分布处理平台实现了自主，统计分析、实时分析和智能分析等大数据分析方法及其软件实现趋于可用与成熟，大数据在商业、健康、科研、制造等领域的深化应用已经取得显著成效。

（5）**区块链开始分布式社会应用**　区块链是一种按照时间顺序将数据区块以顺序相连的方式组合成的链式数据结构，据此形成以密码学方式保证不可篡改和不可伪造的分布式账本。广义来讲，区块链技术是利用块链式数据结构验证与存储数据，利用分布式节点共识算法生成和更新数据，利用密码学方式保证数据传输和访问的安全，利用由自动化脚本代码组成的智能合约进行编程和数据操作的一种全新的分布式基础架构与计算范式。区块链起源于比特币，经历了数字货币和智能合约的发展历程，进入分布式社会应用新阶段。区块链未来在证券交易、电子商务、文件存储、身份验证、数字资源管理等领域具有广泛的应用前景。

（6）**"物移云大智链"融合发展**　以"物移云大智链"为代表的新一代信息技术并非各自独立的，而是相互依赖、有机融合、共同发展的。人工智能更具有多学科特性和跨界融合的技术特点。事实上，从目前现状和未来趋势来看，物联网与移动互联网是产生大数据的重要来源，新型云计算（包含边缘计算）是大数据处理与服务的主流平台，以深度学习为代表的新一代人工智能方法是实现大数据智能分析的主体方法，移动互联网还是实现云－边－端结合，面向政府、企业和大众普适服务的重要载体，区块链则是保障。因此，面向社会与经济的发展需求，只有融合和集成相关联的新一代信息技术及其实现，才能发挥其综合的巨大潜力。纵观全球，新一代信息技术已成为推动和引领新一轮科技革命、产业变革与社会发展的全局性和基础性要素。

（7）"物移云大智链"催生新型计算机科学与技术快速发展　"物移云大智链"的机理与本质是相应的计算模型、方法及其算法。因此，其发展推动了新型计算模型、计算方法以及实现算法的快速进步。事实上，"物移云大智链"不仅正在形成感知计算、连接计算、关系计算、概率计算、服务计算、共识计算等新方法，而且正在产生内存计算、图计算、流式计算、异构计算、边缘计算以及智能计算等新形态。例如，不同结构、不同功能的智能硬件（如谷歌的 TPU、微软的 HTP、中科院的 NPU、百度的 XPU 等）应运而生，使得 CPU+GPU、CPU+NPU 以及 CPU+FPGA 等不同形态的异构计算成为硬件平台的发展主流。从软件角度讲，正在从"软件定义网络、定义存储、定义数据中心以及定义服务"向"软件定义手机、定义汽车、定义传感器、定义智能机器……软件定义一切"发展。软件定义方法和技术的发展以泛在资源虚拟化为基础，以系统功能动态可编程为手段，以系统能力实现智能化为目标。

3. 人机物融合环境成为主流形态

在智能时代，更多的计算系统不再是独立存在的，而是越来越鲜明地呈现出人机物融合的特性，我们将其称之为人机物融合环境。

（1）人机物融合环境概念及其特征　计算过程从信息空间拓展到包含人类社会（人）、信息空间（机）、物理世界（物）的三元世界，构成了三元融合计算环境，其中物理世界与人类社会既是计算过程的对象，也是计算过程的执行体。其概念有广义与狭义之分。

广义的人机物三元融合环境是指在人机物融合环境中，计算过程不再局限于使用计算机与网络的硬件、软件和服务，而是综合利用人类社会（人）、信息空间（机）、物理世界（物）的资源，通过新一代信息通信技术的支撑，人机物融合协作完成各项活动和任务。人类社会、信息空间、物理世界全面连通与融合正在成为新一代计算技术的重要特征与主要趋势，是 21 世纪信息领域范式的变革。广义的人机物融合环境的目标是为人们提供更透明、更智能、更泛在、更绿色、更安全的一体化服务，它是高度和谐的社会生活环境。未来世界将是一个超级人机物融合环境。

狭义的人机物融合系统是指有人参与的 CPS（Cyber-Physical System）应用系统；这里的"人"非泛指，而是指参与工程系统控制与管理的具体人群。因此，狭义的人机物融合系统是具有特定能力的工程系统。例如，智能制造生产线或工厂、城市智能交通系统以及新能源智能管控系统等。狭义的人机物融合系统正在成为网络化计算与控制系统的扩展与延伸，形成新型系统形态和模式，可使能源生产、工业制造、城市管理等领域实现无所不在的信息监视和精确控制，实现人类对复杂系统的全面管理。

人机物具有鲜明的异质特性。"人"具有自主、智慧、交流等特性，"机"具有离散、并发、协同等特性，"物"具有连续、多维、时空等特性。人机物融合环境关键在于具有异质特性的人机物如何有效融合，其体现在结构、行为、平台、应用的不同层面，其研究涉及模型构建、自主组织、行为控制及系统验证等方面。

从应用层面讲，人机物融合环境具有应用场景的多样性和多变性、应用环境的开放性和动态性以及服务对象的泛在性和社会性。人机物融合环境与领域密切关联，不同领域的人机物融合环境具有各自的设计目标。例如，离散型智能制造系统追求个性生产与品质优化，大型装备的智能制造系统注重精准装配与性能优化，而城市智能交通系统以缓堵提能与快捷高效为目标。

（2）人机物融合环境对计算技术的重要影响　未来的人机物融合环境会对计算理论与技术发展带来深远影响，就目前的认识来讲，主要体现在以下几方面：

1）"计算"内涵与外延的重要变化。"计算"已不仅仅是指科学计算、数据处理以及过程控制等，它将具有更加丰富的内涵。"计算"的外延也将快速扩展，例如社会计算、群智计算、人本计算、城市计算、人机协同计算等，正在形成计算融入一切的态势，使得传统的计算理论、计算模型以及计算方法难以适应，必须提升、扩展或创新。

2）计算平台结构与形态的快速变化。计算平台不仅以昔日的服务器集群、台式机、便携机等独立形式存在，而且基于工业互联网、移动互联网、物联网，甚至空天一体化网等多态化网络，更加开放和集成，更多地部署或嵌入在人机物三元融合的空间之中。计算平台可以自主适应应用场景动态变化的需求，实现平台结构柔性化和个性化。

1.2.2　智能时代计算机科学与技术发展对人才的需求

在智能时代，智能科技创新与新形态产业发展的过程中，新型计算技术及其系统更加深化地渗透到各行各业之中，扮演越来越重要的角色，需要更多地适应时代发展需求，既需要具有科学情怀和原始创新能力的计算基础研究人才，也需要具有人文素养和科技创新能力的新型计算技术与应用研发人才。在未来十年，计算机类专业人才可就业的行业覆盖典型和新兴的 IT 行业、传统和智能的制造类行业以及多类和跨界的服务性行业。这些传统或新兴的行业为了适应时代发展和提升数字化、网络化、智能化的竞争力，均需较大规模的计算机类专业型或复合型人才。例如，设计与优化问题导向的新型算法的算法设计师、面向领域数据管理与智能分析的数据分析师、自主设计与研发各类新型计算系统的系统设计师、研发与集成智能软件和应用软件的软件工程师以及解决具体领域智能化问题的应用工程师等。

1.3　计算机系统能力培养 1.0 及进展

要研究分析智能时代计算机专业系统能力培养问题并提出针对性的指导大纲，就必须认真回顾和总结从十多年前开始的系统能力培养 1.0 的历程和收获。

1.3.1　计算机系统能力培养 1.0 简介

1. 计算机系统能力培养背景

计算机系统能力培养研究项目始于 2008 年。基于网络时代计算机技术及其应用发生了重要变化，大规模数据中心的建立和个人移动设备的普及使之前强调的"程序性开发能力"正在转换为更重要的"系统性设计能力"。从事计算机开发和应用的计算机类专业人员，无论是软件开发者还是系统工程师，必须深入了解和掌握计算机系统内部的工作机制和原理，必须具有比以往更多、更深入的系统级的设计、实现和应用能力，才能较好地适应未来新经济和智能时代的要求。计算机系统能力成为计算机人才的关键能力，但高校计算机类专业教学对系统能力培养重视程度还不够，存在很多问题，不能满足新时代技术发展对人才的需求。

2. 计算机系统能力 1.0 内涵

（1）**计算机系统能力的概念**　系统能力培养要求学生能自觉运用系统观，理解计算机系统的整体性、关联性、层次性、动态性和开放性，并用系统化方法掌握计算机软硬件协同工作及相互作用的机制。

（2）**计算机系统能力的三个层次**　从计算机专业教学角度来说，可以将系统能力划分为以下三个层次：

1）计算机**基础**系统能力。运用数学和物理原理，设计和开发计算机运行系统，包括中央处理器（CPU）、操作系统、编译系统和网络系统。这是计算机最基本的系统，称为计算机基础系统。

2）计算机**领域**系统能力。运用计算机基础系统原理，设计和开发计算机领域的专门系统，例如软件开发系统、数据库系统、嵌入式系统等，称为计算机领域系统。

3）计算机应用系统能力。运用计算机领域系统原理，设计和开发各种应用系统，称为计算机应用系统。

系统能力培养的范围可以涉及以上三个层次中的一个或者多个。

（3）计算机系统能力的内涵　计算机类专业学生的系统能力核心是在掌握计算系统基本原理的基础上，深入掌握计算系统内部各软件/硬件部分的协同，以及计算系统各层次的逻辑关联，了解计算系统呈现的外部特性与人机交互模式，开发构建以计算技术为核心的高效应用系统。

系统能力包括系统知识和工程实践。系统知识是掌握计算机核心系统的工作原理、构造方法、软硬件协同、层次间逻辑关联；工程实践是用工程方法开发计算机应用系统。系统能力的培养具有突出的工程教育特征，是解决复杂工程问题的直接体现。与其他专业学生的计算机基础和应用能力相比，计算机类专业学生应突出强调计算机系统能力的培养，系统设计、应用和创新能力必须得到强化与提升。具体而言，系统能力的内涵包含以下方面：

1）系统思维。从系统观所体现的协同性、整体性以及交互性角度，认知计算机系统机理，构造计算机系统组成，开发计算机系统部件。

2）系统设计。具有计算机系统或应用系统的创新和优化设计能力，包括全局掌控一定规模计算系统的设计能力。

3）系统开发。具有计算机系统或应用系统的综合开发和功能集成能力，并具有系统功能以及实时性、可靠性等非功能特性的验证能力。

4）系统应用。具有面向领域及其应用场景的需求分析能力以及计算机应用系统运行过程的系统管理与人机交互优化能力。

系统能力培养和系统观教育对于计算机类各专业以及各培养方向均适用，以系统能力培养为抓手可以持续提升计算机类专业教育教学水平和人才培养质量。

1.3.2　计算机系统能力培养进展

1. 国外计算机系统能力培养

国外计算机系统能力培养起步于 21 世纪初，后续引起计算机教育界的重视并组织实施，已取得相关进展。ACM/IEEE CS2013、SE2014、CE2016、IT2017 等规范在进行了广泛调研后，将知识结构调整的重点放在进一步加强系统知识和系统能力培养上。例如，ACM/IEEE CS2013 教学调整方案对原有 14 个知识域进行了适度调整，增加了系统基础 SF、并行和分布式计算 PD、基于平台的开发 PBD、信息保障和安全 IAS 4 个新的知识域，后续其他专业方向的培养方案也做了类似调整。最新的 CC2020 延续了这样的趋势。

国际上 CMU、Stanford、UC Berkley 等美国一流高校计算机系都强化了系统能力培养的理论与实践，设立了新的系统级综合性课程，重新规划了计算机系统核心课程内容，使课程之间内容联系更紧密，并已经取得了良好的成效。

2. 国内计算机系统能力培养

（1）研究和示范　国内从 2008 年初起，针对网络时代计算机发展特点以及专业教育存在的问题，教育部高等学校计算机类专业教学指导委员会组织研究组开展了计算机专业学生系统知识、系统能力和系统课程的深入研究与实践，提出了适合于我国高等教育计算机专业系统能力培养的课程体系改革思路，发表了"计算机专业学生系统能力培养和系统课程设置的研究与进展"的研究报告，规划了相关主要课程及其实践内容，形成了计算机系统基础课程、重组内容的核心课程、侧重于不同计算系统若干相关平台的专业拓展和应用课程三个层次。这个时期被划为系统能力培养 1.0。

经过多年的努力，形成了以引进《深入理解计算机系统》和《计算系统概论》等教材、国内自编《计算机系统基础》等教材、课程群内容融合的系统实践（设计实现一个 CPU、一个操作系统内核、一个小型编译器）等多种系统能力培养模式。作为系统能力培养的突出范例，北京大学、清华大学、北京航空航天大学、上海交通大学、浙江大学、中国科技大学、南京大学、国防科技大学等示范院校在系统能力培养的研究与实践工作上做出了很好的成效。

（2）进展和成效

1）深入展开系统能力培养研究与实践。8 所示范高校率先深入研究系统能力培养教学有关理论和实践问题，进行了全国范围的广泛的系统能力培养研讨交流，每年举办多个全国高校系统能力培养会议和论坛。

2）组织系统能力培养高校试点。从系统能力综合培养和系统能力课程体系两个方面组织系统能力培养试点活动。已批准和实施了 4 批包括各类型试点高校超百所。组织成立了江苏、安徽、湖北、黑龙江、陕西、湖南等多个省级系统能力工作组，在区域高校持续推动系统能力研究的改革与实践。

3）编写和出版了系统能力培养配套教材 30 多部，举办了多类型多层次的课程研讨会和师资培训活动。每年数百名专业教师参加系统能力培养课程研讨与教师导教。

4）举办全国高校系统能力大赛，以赛促学，以赛促教，激发学生学习和探究计算系统设计的激情，培养学生的工程能力和创新能力，并检验系统能力培养的成效。加强与企业的合作和对接，多家企业专项发布和批准了系统能力培养项目。

1.4　智能时代计算机专业系统能力培养

大数据的发展从数据的计算到存储都和高性能的系统密切相关，需要高效能、高可扩展性和高可用性，因此系统能力是大数据发展的基础。而人工智能的发展也同样离不开系统能力的发展，人工智能的发展取决于算法、算力以及大数据的发展，所以系统能力是人工智能的核心实力。同时系统能力是解决我国信息技术发展瓶颈和实施大型工程的关键能力。因此，智能时代计算机专业系统能力培养将是我国高校所有的计算机类专业在新时期培养高水平的计算机人才所面临的重要任务，也是新工科建设的重要内容。从系统能力培养工作的连续性上，也可以称之为系统能力培养 2.0。本项目的研究和发布将为系统能力培养 2.0 工作的全面深入开展提供重要指导和参考。

1.4.1　优化思路

本纲要面向我国 2030 年之前的智能科技以及社会经济发展目标，基于专业优化途径，参考国际教育经验，针对已有的计算机专业人才培养方案进行合理的知识重构和能力提升，确定计算机科学与技术专业系统能力培养的优化思路。重点在于针对智能时代系统能力培养，深入分析计算技术与应用发展对专业知识和能力产生的影响，从而调整、重组、更新知识单元 / 知识点以及能力要素。

1. 教育内容更新

为了适应智能时代科技与产业发展需求，计算机专业人才培养注重以下教育内容更新思路。

（1）**数理为基**　计算机科学与技术主要解决不同领域的复杂计算问题。计算的本质是模型构建与算法设计，而其基础是数理。因此，新时代的计算机专业学生必须夯实坚实的数理基础，尤其是离散数学、线性代数、概率论、数学建模等，需强化或新增适应时代需求的知识点。

（2）**算法为核**　新型计算平台支撑数据智能处理、智能机器人等不同领域应用的关键之一是提供强有力的算法及其软件实现。计算机专业学生不仅应掌握基本算法的优化设计与性能分析，还应学习新型智能算法机理与应用，并需熟悉基于群体化开发的算法软件设计与实现。

（3）**系统为主**　计算平台（计算系统）承担着连接数据和算法的纽带，其结构、功能与性能确定了不同应用的成效，未来更多的是构建场景驱动的智能计算系统。因此，应深化系统思维与系统能力培养，不仅使学生掌握主流计算平台的异构并行结构等，还要掌握计算平台的可靠性、稳定性、可扩展性以及自动化运行管理等非功能特性优化。

（4）**开放为策**　计算机科学与技术的快速演化性、形态多极性以及学科交叉性等特性，决定了计算机专业教育在基本内容相对稳定的基础上实施开放教育策略。其开放性具有多层含义：在微观层面，课程内容与设置要适度灵活，注重计算机理与新型案例的结合；在中观层面，专业方向可动态调整与适度扩展，注重与社会需求相适应；在宏观层面，注重产学深度融合与国际交流合作，注重工程化与国际化教育。

2. 教学方式创新

AI 和大数据与学习科学的结合，推动了计算机专业教育和学习方式的创新。可通过精确定义教学内容、快速构建教学环境、量化分析教学过程、科学评价教学效果以及支持个性学习模式，达到有效提高教学效率和效果的目标。

1）扩展 MOOC 课程，提升云化专业学习平台。面向核心和骨干课程，选择名师与名教材，深化相关 MOOC 与 SPOC 课程建设，扩展和提升云化专业学习与实验平台内容和能力，实现优质专业教学资源共享，支持提高一般院校或边远地区院校计算机专业教学质量与教育效率。

2）研发/采用智能化学习工具。为解决数理基础学习的原理验证与高效理解、专业学习的实验验证与优化设计等问题，自主研发或科学选择相应的智能化学习与验证工具、网络化软件开发工具等，提高学习效率，支撑能力养成。

3）基于大数据和 AI 的教学分析与优化。在基于物联技术感知学生专业学习过程的基础上，利用学习大数据和 AI 分析方法分析学习效果、优化课程内容、支持个性化学习方式。

3. 实施路径优化

本纲要主要面向计算机科学与技术专业，计算机类其他专业可将其作为重要参考。之所以这样考虑，是因为计算机科学与技术专业在计算机类专业中规模最大、地位核心，同时计算机类专业对系统能力培养也有共性需求。

为有效实现适应智能时代的计算机专业知识与能力优化，提出以下实施策略与实现路径：

（1）**注重凝练计算技术发展中的"不变要素"**　虽然计算机科学与技术快速发展，新概念、新理论、新技术以及新工具层出不穷，但各核心课程基本的概念、机理以及设计较为稳定，形成了专业知识进化过程的"不变要素"，因此，应首先凝练计算技术发展中的不变要素，以构成计算机专业本科教育的基本内容。

（2）**适度压缩过时或过细的知识单元/知识点**　在传统的计算机专业教育过程中，无论是教材编写，还是理论教学，都存在一定的知识老化、内容过细等问题，而在新时代，要更多突出计算系统以及软件系统优化设计等内容，因此需要依据技术进步与专业发展，适度压缩过时或过细的知识单元 / 知识点，为在有限学时内扩展新内容创造条件。

（3）扩展更新适应新时代的知识单元 / 知识点　考虑以"物移云大智链"为代表的新一代信息技术对数理基础、计算机理及其计算平台的共性影响，更新或扩展知识单元 / 知识点是必要的。一种方式是增强某一知识单元 / 知识点，另一方式是新增知识单元 / 知识点。

（4）注重新型计算系统能力培养教材建设　教材是实现专业教学优化和重构的重要载体，需要编撰和出版相应的系列化专业教材。其中一类是依据专业教育优化方案对已有教材进行重组、更新或提升。另一类是为适应智能时代计算机专业教育发展而新编教材，例如《智能计算系统》和《智能机器人系统》等。

（5）提升新型计算系统能力培养实践条件　实验与实习等实践条件建设是提升计算系统能力培养的重要保障。为适应时代发展需求，在目前计算机基本系统的设计实验基础上，还需构建"多核＋专用智能硬件＋网络互联"的新型计算系统实验平台，诸如智能机器人系统、多媒体智能处理系统、大数据智能分析系统等，以及新型创新设计验证平台等更丰富的系统实践环境。

1.4.2　智能时代计算机专业人才的专业能力

从适应智能时代科技与产业发展需求出发，计算机专业人才不仅应具备现代大学生共有的基础能力，而且应具有适应计算机发展的专业能力以及适应时代的扩展能力，如图 1-1 所示。其中专业能力的具体内涵说明如下。

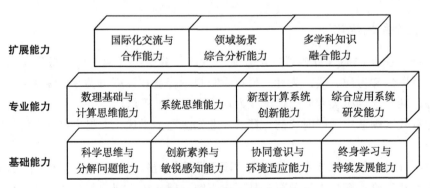

图 1-1　智能时代计算机系统能力体系

（1）数理基础与计算思维能力　智能时代更多的是解决非确定性问题。因此，算法优化是核心，而算法的基础是数学。计算机专业人才在掌握扎实的数学分析、数理逻辑的基础上，还应具有深厚的矩阵论、概率论和离散数学等基础。计算思维是运用计算机科学的基础概念进行问题求解和系统设计的行为，是计算机人才必须具备的基础。

（2）**系统思维能力**　系统思维是全局整体性的思维。计算机专业人才必须具有扎实的系统思维，才能在各种计算系统的设计、构建及应用中完成具体的系统实现，并达到高效的目标。

（3）**新型计算系统创新能力**　智能时代的计算系统形态多样，计算机专业人才在系统设计中应具有应用场景分析、智能算法优化、硬件平台实现，以及强化新型硬件与智能软件有机协同、云－边－端紧密结合等方面的优化设计能力。

（4）**综合应用系统研发能力**　智能时代的知识分工趋向聚合，学科分支更多交汇。面向不同领域的新型计算应用系统也形成鲜明的多学科交叉、信息与物理融合等特征。例如智能工业机器人以及智能农业机器人等自主无人系统研发涉及机电一体化、感知技术、自动控制、硬件平台、算法优化等。因此，计算机专业人才需要具有跨学科的交叉思维与知识融合能力，以及综合系统集成设计与开发能力。

1.4.3　智能时代计算机专业系统能力培养的知识结构

适应智能时代的计算机专业知识以数理基础、计算平台、算法与软件、共性应用形成层次化知识结构。知识结构具有纵向逻辑层次性，即下一层次是上一层次的基础，上一层次是下一层次的进化，层次递进，形成体系；知识结构具有横向协同关联性，即同一层次的课程及知识单元之间内容关联，协同表达，形成同层知识整体。如图 1-2 所示。

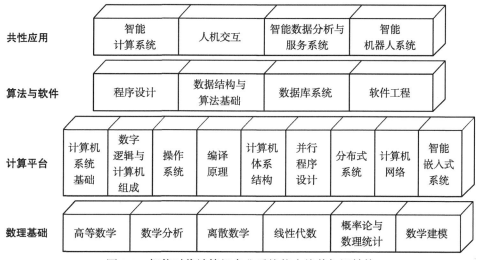

图 1-2　智能时代计算机专业系统能力培养知识结构

（1）**数理基础**　包括高等数学、数学分析、离散数学、线性代数、概率论与数理统计、数学建模等；该层次需在现有内容上进一步强化。

（2）**计算平台**　基于计算机系统基础、数字逻辑与计算机组成、操作系统、编译原理，以计算机体系结构、并行程序设计、分布式系统、计算机网络、智能嵌入式系统构成云－网－端新型计算平台。该层次需在已有基础上重组和扩展。

（3）**算法与软件**　以程序设计、数据结构与算法基础、数据库系统、软件工程为基础，扩展新型智能算法、新型软件开发方法及其工具。该层次需进一步优化和提升。

（4）**共性应用**　以智能计算系统、人机交互、智能数据分析与服务系统、智能机器人系统等共性应用知识单元为主体。该层次重在凝练基础，并依据不同专业特色适度扩展。

本纲要将依据4个层次论述具体的课程知识结构优化以及专业能力培养方案。

2

数理基础层课程体系

2.1　简介

2.1.1　课程体系概述

数理基础是计算机科学与技术专业的核心理论基础，在智能时代计算机专业教育中具有更重要的作用。数理基础层课程体系是计算机科学与技术专业以及计算机类专业的数学基础课程构成。每个知识单元都是在特定数学结构上，基于基本概念，严格精确地构建的概念体系及其性质与关系的知识体系，是一种各类概念相互联系、环环相扣、连贯一致的体系。该课程体系主要包括离散数学、高等数学（数学分析）、线性代数、概率论与数理统计、数学建模等课程。

离散数学是研究离散量的结构及其相互关系的数学课程，是现代数学的一个重要分支。离散数学不仅是计算机科学与技术领域的基础，同时也是计算机专业的数字逻辑设计、程序设计、数据结构与算法、编译原理、数据库等课程必不可少的先行课程。通过离散数学的学习，不但可以掌握处理离散结构的描述工具和方法，为后续课程的学习创造条件，而且可提高抽象思维能力和严格的逻辑推理能力，为学生未来参与创新性研究和开发打下坚实基础。

高等数学是大学理工科各专业的基础课程，其内容、思想与方法广泛应用于自然科学、社会科学、经济管理、工程技术等各个领域。传统的高等数学的内容主要包括一元函数微积分、向量代数与空间解析几何简介、多元函数微积分、级数、简单的常微分方程等。本体系增加了实数系的连续性定理及其证明、一致连续性及其在函数项级数中的分析，以及多维空间的基础拓扑等，以更好地提高学生进行严密的逻辑思维的能力。

数学分析以其系统性、严谨性和逻辑性著称，它是现代数学以及现代科学的重要基础。数学分析内容丰富，思想深刻，应用广泛。计算机类的数学分析不同于数学系的同名课程，它的核心内容是以微积分为主体内容，以分析的思想为基础，展开整个学习讨论。本体系对实数理论叙而不证，系统讨论分析学的主要核心内容，如实数系的连续性定理及其证明、一致连续性的分析与应用、多维空间的基础拓扑、可积性的讨论等。适当减少部分定理证明。

线性代数在计算机科学与技术专业教学中是一门学生必修的专业基础课程。线性代数是讨论有限维空间线性理论的一门学科，其理论和问题处理方法广泛地应用于计算机科学与技术的各个方向中，尤其是在人工智能、大数据及其量子计算等与计算机学科交叉发展的过程中，线性代数的教学内容发生了很大变化。不仅要让学生掌握线性代数中行列式、矩阵、线性方程组、线性空间等基本内容、基本思想和方法，而且注重扩展适应发展的矩阵 LU 分解、内积空间等新知识与新方法，使学生很好地把握线性代数的体系结构，不仅培养学生运用线性代数方法分析和解决实际问题的能力，而且培养学生进行严谨的逻辑推理以及空间想象的能力。

概率论与数理统计来源于人类的实践活动。概率论源于对随机问题的认识，统计学发端于各种特定情况的统计与分析的研究，两者互相促进，逐渐融合。随着互联网、大数据和人工智能等飞速发展，概率论与数理统计得到了更为广泛的应用，已成为计算机科学与技术各专业的重要基础课程。数理统计学主要分析带有随机性的数据，而随机性是概率论研究的核心内容，本体系探求把经典的概率统计思想方法与计算机专业学习有机融合。为适应智能科技发展以及大数据分析的需求，增加了描述性统计、非参数检验、方差分析、非线性回归、多元线性回归等内容。

数学建模课程是计算机专业数理基础课程体系的选修课程，该课程以各种典型实例为引导，介绍如何将实际问题建成数学模型并予以求解的思想与方法，是学生参与创新实践活动的一门重要的基础理论课程。通过该课程的学习，学生可以了解并初步掌握将实际问题抽象为数学问题，并借助数学软件和计算机编程予以求解，然后再解释实际现象，直至应用于实际的方法与过程，最终提高应用数学知识解决实际问题的能力、综合素质与创新能力。

2.1.2　优化思路

数学课程的教学改革与创新主要体现在以下几方面。

（1）**依据智能时代计算技术及其应用发展需求，优化数学课程内容**　综合考虑强化数学基础以及总学时受限等因素，优化数学教学内容。优化的思路是在适度删除已学知识点或弱化证明细节等基础上，强化或扩展适应智能时代计算技术发展需要的知识单元或知识点。具体体现在各课程的内容优化与知识结构之中。

（2）**探索数学的计算表征与认知，搭建数学与计算机科学的桥梁**　本体系提出并探索以计算作为认知模型学习数学知识的方法。已有研究及其实例表明，不仅多类数学结构的概念、运算及关系可用计算表征，通过计算也可随机生成实例、判断性质、验证定理，已有软件工具或语言提供这方面的有力支持。因此，基于计算的数学知识表达和认知，不仅可使计算机科学与技术专业学生更容易理解与掌握数学知识，也可培养学生基于计算方法解决问题的工程能力。

（3）**使用现代工具学习数学课程，培养解决复杂工程问题的能力**　无论是学习数学知识、理解自然科学基本原理，还是利用数学表示专业模型和复杂工程问题，仅通过手工计算方式是难以实现的，MATLAB 等数学相关的软件工具或 Python 等新型编程语言具有丰富的表达能力，并提供了先进有效的数学学习方式。使用现代工具学习数学课程，学生更易于理解数学原理，例如，数学分析中定理众多，利用 MATLAB、Python 等求解数学分析中的重要结论，更易于形象展现和深刻理解，有利于分析与解释数据，并通过信息综合得到合理有效的结论，而且可使学生掌握用数学工具解决复杂工程问题的能力。

2.2　离散数学

2.2.1　课程概述

离散数学是研究离散量的结构及其相互关系的数学课程。离散数学是计算机科学与技术以及部分计算机类专业的重要理论基础，也是计算机软硬件专业课程的先修课程。通过离散数学的学习，学生可以掌握处理离散结构的描述工具和方法，提高抽象思维和严格逻辑推理能力，并为领域知识建模、复杂工程问题求解奠定坚实的基础。

通过学习数理逻辑、集合论、代数系统、图论的基本概念和基本原理，学生可以理解离散结构之间的关系和基于这些离散结构的算法，建立起现代数学关于离散结构的观点，掌握处理离散量的一些数学方法，并形成逻辑推理和抽象思维的能力，以及用计算机算法描述世界的建模能力，为学习数字逻辑、数据结构、数据库、操作系统、计算机网络、人工智能等课程做好数学处理工具的准备。

2.2.2　内容优化

离散数学是传统的数理逻辑（包括命题逻辑和谓词逻辑的基本概念、逻辑语义、公理证明等方法以及元定理等）、集合论（包括集合、关系、函数，以及自然数、集合的基数）、图论（基本概念、树、图遍历问题、欧拉图与哈密尔顿图、平面图、图着色问题等）、抽象代数（包括代数系统、群、环、域等），以及布尔代数、组合分析、离散概率等汇集起来的一门综合课程。离散数学的应用遍及现代科学技术的诸多领域。

离散数学课程是多个学科的数学基础，目前在教学中与现有学科联系较少，建议增加对应的应用实例。可补充的内容包括：

1）二元关系在计算机科学中的应用实例，如数据库查询等。

2）部分组合数学内容，包括基本的计数公式、组合计数方法和组合计数定理等。

3）代数系统在计算机科学中的应用，如纠删码、加密算法等。

2.2.3　知识结构

（标 * 为可选内容。）

知识单元	知识点描述
1. 命题逻辑 最少学时：6 学时	知识点： • 命题、联结词及命题公式 • 范式 • 命题演算的推理方法（公理系统） • 命题演算中的归结推理
	学习目标： • 理解逻辑联结词的意义和运算规则 • 掌握命题公式的主析取范式和主合取范式 • 掌握推理证明方法（公理系统） • 了解命题演算中的归结推理 • 培养学生逻辑思维和抽象思维能力以及规范的推理能力
2. 谓词逻辑 最少学时：10 学时	知识点： • 谓词、量词和谓词公式 • 谓词演算的等价式与蕴含式 • 谓词演算的推理证明方法（公理系统） • 谓词演算中的归结推理
	学习目标： • 掌握自然语言到谓词逻辑公式的翻译 • 掌握谓词演算的等价公式和蕴含式 • 掌握谓词逻辑推理与证明（公理系统） • 了解谓词逻辑验证方法和谓词逻辑中的归结推理 • 培养学生逻辑思维和抽象思维能力以及规范的推理能力
3. 集合与关系 最少学时：10 学时	知识点： • 集合的概念和表示法 • 集合的运算 • 归纳法和自然数序偶与笛卡儿积 • 关系及其表示 • 关系的性质 • 合成关系和逆关系 • 关系的闭包运算 • 集合的划分和覆盖 • 等价关系与等价类 • 偏序关系
	学习目标： • 理解集合的概念和表示法 • 掌握集合的运算、幂集

（续）

知识单元	知识点描述
3. 集合与关系 最少学时：10 学时	• 掌握证明集合相等的方法 • 理解关系的性质和表示方法 • 掌握关系的复合运算及其性质 • 掌握关系的合成及逆关系计算方法 • 掌握关系的闭包概念与构造方法 • 掌握等价关系和偏序关系的定义与判定方法 • 培养学生分析和证明能力
4. 函数 最少学时：4 学时	知识点： • 函数的概念 • 复合函数和反函数 • 特征函数与模糊子集 • 集合的基数 • 可数集与不可数集 学习目标： • 理解复合映射与逆映射的概念及性质 • 掌握函数、逆函数和复合函数的概念 • 掌握基数的概念，了解可数集与不可数集的概念 • 培养学生计算和证明能力
5. 图论 最少学时：10 学时	知识点： • 图的概念 • 图的矩阵表示 • 欧拉图和哈密尔顿图 • 平面图与二部图 • 树的概念 • 最小生成树 • 树的遍历 • 二叉树 • 决策树 • 博弈树 学习目标： • 理解图的定义和基本概念 • 掌握树与有向树的基本概念 • 掌握欧拉图和哈密尔顿图的性质与判定方法 • 掌握树的概念 • 掌握最小生成树的计算方法 • 理解树的遍历 • 理解二叉树 • 了解决策树 • 了解博弈树 • 培养学生抽象能力、计算能力和分析证明能力

（续）

知识单元	知识点描述
6. 代数结构 最少学时：10 学时	知识点： • 代数系统的概念及定义 • 代数系统运算及其性质 • 半群 • 群与子群 • 阿贝尔群与循环群 • 陪集与拉格朗日定理 • 同态与同构 • 环与域 • 格与布尔代数
	学习目标： • 理解代数系统的定义、运算及性质 • 掌握半群、群、子群的概念 • 掌握群的同态与同构的定义 • 了解环与域 • 了解格与布尔代数 • 培养学生抽象思维和分析证明能力
7. 组合计数 最少学时：2 学时 （选修时：4 学时）	知识点： • 排列与组合 • 排列组合生成算法 • 广义的排列和组合 • 二项式系数和组合恒等式 • 鸽笼原理 • 递推关系及应用
	学习目标： • 掌握排列与组合概念 • 了解排列组合生成算法 • 了解广义的排列和组合 • 理解二项式系数和组合恒等式 • 掌握鸽笼原理 • 了解递推关系及应用 • 培养学生抽象思维能力、计算能力和证明能力
8. 数论及其密码学应用（*） 学时：4～6 学时	知识点： • 素数 • 最大公约数与最小公倍数 • 同余 • 一次同余方程和中国剩余定理 • 欧拉定理和费马小定理 • 数论在密码学中的应用
	学习目标： • 掌握素数、最大公约数与最小公倍数概念

（续）

知识单元	知识点描述
8. 数论及其密码学应用（*） 学时：4 ~ 6 学时	• 理解同余、一次同余方程和中国剩余定理 • 了解欧拉定理和费马小定理 • 了解数论在密码学中的应用 • 培养学生抽象思维和证明能力
9. 智能计算中的应用（*） 学时：2 学时	知识点： • 谓词逻辑的推理与证明在人工智能中的应用 • 集合代数在关系型数据库中的应用 • 集合论、关系、图论、树与数据结构课程中集合、线性结构、树形结构、图状结构或网状结构的对应关系
	学习目标： • 培养学生应用离散数学知识解决复杂工程问题的能力

2.2.4　能力训练

在能力训练中主要强化以下几方面。

1）传统离散数学的课程作业以推导公式、解决小规模问题为主。在智能时代，数据集规模和问题的复杂程度都急剧增加，学生需掌握利用计算机解决复杂问题以及推导证明的方法。

离散数学的能力训练主要是给出概念对象定义，以及概念对象集合上的运算和关系，就可以用计算（如 Python）表示对象集合及其运算和关系，从而可以验证概念、运算和关系的性质与定理，即以计算为模型学习离散数学知识。概念对象集合可以随机生成，即随机生成一定规模的对象集合，这样学习离散数学既直观，易于学习，又能模拟实际问题。

2）离散数学是多门学科的先修课程，课程所学知识将应用于后续专业课程的学习。在教学过程中需从数学的应用和专业课需求两方面寻找结合点，强化数学课程对专业课的支撑作用。

3）一些后续课程所涉及的问题或一些实际领域问题通常可以转换为离散数学问题来解决。通过总结重要实际应用案例，将实际应用问题抽象为离散数学问题，以计算为工具解决数学问题，求得数学解，从而解决实际问题。

教学过程中，可以使用 Python 语言加强离散数学的学习效果，即

1）计算表征（Python）：Python 表征概念、运算、关系。

2）计算认知（Python）：随机生成对象、计算判断性质、计算验证定理。

以集合论关系为例：首先生成笛卡儿集，其次生成关系，再次生成逆关系，最后判断逆关系的性质 $(R_1 \cup R_2)^{-1}=R_1^{-1} \cup R_2^{-1}$。

```
def  Cartesianproduct(X,Y):          import set as ss
    XY=set({})                       def createrelation(X, Y, n):
    for x in X:                          XY = ss.Cartesianproduct(X, Y)
        for y in Y:                       R = random.sample(XY, n)
            XY.add((x,y))                 return set(R)
    return  XY
```

```
def  inverse(R):                     import relation as rs
    Rv=set({})                       Xm,Ym=10,10
    for (x,y) in R:                  X = range(Xm)
        Rv.add((y,x))                Y = range(Ym)
    return Rv                        n1,n2=10,10
                                     R1 = rs.createrelation(X, Y, n1)
                                     R2 = rs.createrelation(X, Y, n2)
                                     E1=rs.inverse(R1|R2)
                                     E2=rs.inverse(R1) | rs.inverse(R2)
                                     tv=E1==E2
                                     print(R1)
                                     print(R2)
                                     print(tv)
```

以图论中判断子图为例：通过集合的命题，就能简单地实现子图判断。

子图	```def issubgraph(V,E,Vs,Es):
	    tv=(Vs <= V) and (Es <= E)
	    return tv```

真子图	```def ispropersubgraph(V,E,Vs,Es):
	    tv=((Vs <= V) and (Es <= E)) and ((Vs <
	        V) or (Es < E))
	    return tv```

生成子图	```def isspanningsubgraph(V,E,Vs,Es):
	    tv=((Vs <= V) and (Es <= E)) and (Vs == V)
	    return tv```

导出子图	```def isinducedsubgraph(V,E,Vs,Es):
	    tv=((Vs <= V) and (Es <= E))
	    for (u,v) in E:
	        tv=tv and ((not((u in Vs) and (v in
	            Vs))) or ((u,v) in Es))
	    return tv```

2.2.5 开设建议

离散数学是计算机类专业的一门重要基础课程。它在计算机类专业中有着广泛的作用，是计算机科学与技术专业的必修课。各高校在开设该课程时可以根据培养目标、培养方案调整教学内容。

依据学生的培养目标，专业可分为研究型、工程型、应用型三种类型，它们对数学基础知识的要求逐级降低。培养研究型学生的专业或学校可适当增加离散数学课程的课时，强化数理逻辑、集合论、图论、代数系统、数论等方面的知识，并提高对定理证明和逻辑推导的要求；培养工程型的学生需加强离散数学应用、问题求解的能力要求，降低对定理证明的要求；培养应用型的学生可将离散数学的知识点与计算机语言相结合，通过 Python 等语言解决数学问题，对于定理证明不做过多要求。

从培养方案的角度，离散数学应结合各专业的课程设置调整内容。智能计算中的应用实例应结合后续课程选择。另外，对后续课程中将详细讲解的内容，如图论、概率等，可以适当减少课时。

2.3　高等数学

2.3.1　课程概述

高等数学是大学诸多基础课和专业基础课的先行基础课程，是学习理工科等各专业及其他后续课程的基础。高等数学以微积分为主要内容，它广泛应用于自然科学、社会科学、经济管理、工程技术等各个领域，其内容、思想与方法对培养各类人才的全面综合素质具有不可替代的作用。高等数学的主要内容包括一元函数微积分、多元函数微积分、函数级数、简单的常微分方程等。

高等数学课程的教学目标是要让学生理解和掌握微积分的基本原理和基本方法，培养学生的运算能力、抽象思维能力、逻辑推理能力、几何直观和空间想象能力，使学生受到运用数学分析方法解决几何、物理等实际问题的初步训练，为后续其他基础课和专业基础课的学习以及使用高等数学建模、解决复杂工程问题奠定基础。

2.3.2　内容优化

高等数学是计算机专业经典课程，教学内容持久稳定。建议：

1）适当引入工程实际问题，以高等数学为模型，解决复杂工程问题。

2）适当引入现代数学工具，诸如 MATLAB、Python，以工具解决数学问题，改变纯手工计算数学题的传统。

2.3.3　知识结构

知识单元	知识点描述
1. 一元函数的极限与连续 最少学时：10 学时	知识点： • 集合、映射与函数、逻辑符号 • 数列的极限、函数的极限、数列极限与函数极限的关系 • 极限的性质与运算法则 • 无穷小量 • 极限的存在准则（确界定理、单调有界定理等） • 连续与间断、连续函数的局部性质与运算法则、初等函数的连续性、闭区间上连续函数的性质 • 无穷小量的比较、不定型
	学习目标： • 了解集合的概念，理解映射与函数的概念及关系 • 理解极限的概念、基本性质及极限准则 • 掌握常用的极限计算方法 • 理解函数的连续、间断的概念，了解初等函数的连续性，以及闭区间上连续函数的性质 • 了解一致连续的概念
2. 导数与微分 最少学时：8 学时	知识点： • 导数、微分的概念 • 导数与微分的计算（四则运算、复合求导、反函数求导、导数的基本公式） • 高阶导数与高阶微分
	学习目标： • 理解导数的概念及其几何意义，了解函数可导性与连续性的关系 • 掌握导数的四则运算法则及复合函数、反函数、隐含数、参数函数的求导方法 • 理解微分的概念，了解微分与导数的关系 • 掌握高阶导数求解方法，并对简单实际问题中的相关变化率求解
3. 微分中值定理及应用 最少学时：6 学时	知识点： • 微分中值定理（费马定理、罗尔定理、拉格朗日定理、柯西定理） • 洛必达法则 • 泰勒公式 • 利用导数研究函数的性质（单调性、极值、最值、凹凸性、拐点与作图）
	学习目标： • 理解罗尔定理、拉格朗日中值定理，了解柯西中值定理、泰勒中值定理，掌握洛必达法则 • 掌握函数的单调性与极值的判定方法，掌握最值问题、函数曲线凹凸性判定及拐点求解方法 • 了解描绘简单函数曲线的图形方法，了解曲率概念及计算方法
4. 不定积分 最少学时：8 学时	知识点： • 原函数与不定积分 • 积分基本公式

（续）

知识单元	知识点描述
4. 不定积分 最少学时：8 学时	• 换元积分法与分部积分法 • 有理函数、三角有理函数、简单无理函数的积分 学习目标： • 理解原函数和不定积分的概念与性质 • 掌握不定积分的换元积分法和分部积分法 • 掌握有理函数、三角有理函数和简单无理函数的积分方法
5. 定积分及应用 最少学时：8 学时	知识点： • 定积分的概念、R 可积性、定积分的性质 • 变上限的积分、牛顿－莱布尼茨公式、定积分的计算 • 定积分的应用（平面图形的面积、已知横截面面积的立体体积、曲线的弧长、旋转面的面积、曲率） 学习目标： • 理解定积分的概念、几何意义与性质 • 了解如何利用达布和讨论函数的可积性 • 掌握牛顿－莱布尼茨公式，及定积分的换元积分法和分部积分法 • 理解定积分的微元分析法 • 掌握定积分的几何应用，了解定积分的物理应用和经济应用等
6. 多元函数微分法及应用 最少学时：12 学时	知识点： • 多维空间的基础拓扑 • 多元函数的极限、连续性 • 偏导数、全微分、复合微分法、曲面的切平面与法线 • 高阶偏导数、高阶微分、泰勒公式 • 隐函数微分法、曲线的切线与法平面 • 二元函数的极值、条件极值与拉格朗日乘数法 学习目标： • 了解多维空间的基础拓扑 • 理解多元函数、极限、连续、偏导数、全微分的概念，并了解其相互关系 • 掌握多元复合函数、隐函数求偏导数的方法，掌握全微分计算方法，了解方向导数与梯度的概念及计算方法 • 掌握曲线的切线和法平面、曲面的切平面和法线的求解方法 • 理解多元函数极值与条件极值的概念，掌握多元函数极值与条件极值的求解方法
7. 重积分 最少学时：8 学时	知识点： • 二重积分的概念与计算、三重积分的概念与计算 • 重积分的换元法（雅可比矩阵、极坐标、柱面坐标、球面坐标） • 重积分的应用 学习目标： • 理解二重积分、三重积分的概念与性质 • 掌握二重积分的计算方法（直角坐标、极坐标） • 掌握三重积分的计算方法（直角坐标、柱面坐标、球面坐标） • 了解重积分的应用（几何应用、物理应用）

（续）

知识单元	知识点描述
8. 曲线积分与曲面积分 最少学时：14 学时	知识点： • 第一类、第二类曲线积分的概念与计算 • 格林公式、高斯公式及斯托克斯公式 • 曲线积分与路径的无关性 • 场论初步（方向导数、梯度、散度、旋度） 学习目标： • 理解第一类、第二类曲线积分的概念，了解其性质及相互关系 • 理解第一类、第二类曲线积分及曲面积分概念，掌握其计算方法 • 理解格林公式、高斯公式及斯托克斯公式，并掌握其应用方法 • 理解并掌握散度与旋度计算方法
9. 无穷级数 最少学时：12 学时	知识点： • 常数项级数的收敛性、收敛级数的性质、绝对收敛性 • 正项级数收敛性的判定、任意项级数收敛性的判定 • 函数项级数的逐点收敛性、幂级数的收敛域 • 函数项级数的一致收敛性、幂级数的分析性质 • 函数的幂级数展开 • 周期函数的傅里叶级数、有限区间上的傅里叶级数 学习目标： • 理解无穷级数收敛、发散与和的概念及其性质 • 了解绝对收敛、条件收敛的概念及二者的关系 • 了解函数序列一致收敛的概念及性质 • 掌握函数项级数的收敛域与和函数的概念，了解幂级数的基本性质、收敛域求解方法，掌握幂级数求和及函数展开成幂级数的方法 • 了解函数展开成傅里叶级数的狄利克雷定理条件，掌握函数展开成傅里叶级数的方法
10. 常微分方程 最少学时：12 学时	知识点： • 微分方程的基本概念 • 可分离变量、一阶线性方程、齐次方程、伯努利方程的求解 • 微分方程解的结构 • 高阶常系数方程 学习目标： • 了解微分方程、解、通解、初始条件和特解等概念，掌握可分离变量的微分方程和一阶线性微分方程的解法 • 掌握齐次方程、伯努利方程及全微分方程求解方法 • 理解线性微分方程解的结构，掌握二阶常系数齐次线性微分方程的解法，掌握特殊的高阶常系数非齐次线性微分方程的解法

2.3.4 能力训练

高等数学的学习以严密的逻辑为基础，以分析问题和解决问题为主线，所以在准确掌握重要定理的基础上分析、求解典型问题是最重要的能力训练。

1）高等数学是诸多后继课程学习的基础，可以通过典型例题的讲解与演算让学生清楚地掌握每个知识。

2）可结合计算机语言（如 MATLAB、Python 等）分析、求解高等数学中常见的基本问题。

3）总结归纳计算机科学中涉及的与高等数学有关的问题，从中提炼出需要解决的问题，让学生写作课程小论文。

通过 MATLAB 工具表达高等数学概念、运算和关系，并进行性质和定理的验证，具有非常强的直观性。

极限、连续、导数、不定积分及定积分这些重要概念都可以用计算表征，如在 MATLAB 中，这些概念的表示方法见下表：

概念	计算方法（MATLAB 程序计算）
极限	`limit(f(x),x,a)`
连续	`limit(f(x),x0)`
导数	`diff(f(x),x0)`
不定积分	`int(f(x))`
定积分	`int(f(t),t,a,x)`

计算作为认知模型，也容易验证数学概念的性质以及定理。

验证：`limit(f(x)+g(x),x,x0)` `= limit(f(x),x,x0)+limit(g(x),x,x0)`	结果
```syms x x0 f(x)=sin(x); g(x)=x; h(x)=f(x)+g(x); ezplot(h(x)),grid on ft(x0)=limit(f(x),x,x0); gt(x0)=limit(g(x),x,x0); ht(x0)=limit(h(x),x,x0); simplify(ht==ft+gt)```	```>> main tv(x0) = TRUE```

2.3.5 开设建议

高等数学是计算机类专业的一门重要基础课程。随着大数据分析、人工智能的发展，对数学基础的要求越来越高。各高校在开设该课程时可以根据生源质量、培养目标、培养方案调整教学内容。一般学生的培养目标可分为研究型、应用型两种类型，培养研究型学生的专业或学校可适当增加高等数学课程的课时，适当提高对定理证明和逻辑推导的要求。培养应用型的学生需加强应用、问题求解的能力要求，降低对定理证明的要求。另外，适当将数学工具（如 MATLAB 或 Python）引入习题训练，使得学生可以改变传统手工解题习惯，使用工具更高效地求解复杂问题。

2.4　数学分析

2.4.1　课程概述

数学分析以其系统性、严谨性和基础性著称，它是现代数学甚至现代科学的重要基础，也是计算机科学与技术专业最重要的基础课程之一。主要内容包括极限、连续、一元函数微积分学、级数以及多元函数微积分学，其中，极限的思想贯穿始终。数学分析内容丰富、思想深刻，且应用广泛。数学分析课程将对许多后续专业课程的学习产生较大的影响，这些课程包括线性代数、概率论与数理统计、常微分方程、偏微分方程、复变函数等。

2.4.2　内容优化

计算机类专业数学分析课程的核心内容是微积分，是经典稳定的基础课程。建议：

1）适当增强一致连续性及其在函数项级数中的分析内容等。

2）适当引入工程实际问题，以数学为模型，解决复杂工程问题。

3）适当引入现代数学工具，诸如 MATLAB、Python，以工具解决数学问题，改变纯手工计算数学题的传统。

4）有条件的专业可以适当引入数学定理的逻辑证明方法训练。

2.4.3　知识结构

（标 * 为可选内容。）

知识单元	知识点描述
1. 函数、极限与连续 最少学时：18 学时	知识点： • 集合、实数集、数集的界与确界、逻辑符号、映射与函数 • 数列的极限、函数的极限、数列极限与函数极限的关系 • 极限的性质、无穷小量及其性质、复合极限 • 实数的连续性定理（确界定理、单调有界定理、区间套定理、聚点定理、柯西准则、有限覆盖定理）

（续）

知识单元	知识点描述
1. 函数、极限与连续 最少学时：18学时	• 两个重要的极限 • 连续与间断、初等函数的连续性、一致连续性、闭区间上连续函数的性质 • 无穷小量的比较、无穷小量的阶 • 不定型的极限
	学习目标： • 掌握集合映射的基本概念、界与确界的概念 • 掌握数列、函数极限的定义与基本性质 • 理解无穷小与无穷大概念以及阶的计算 • 了解实数的连续性定理，掌握确界定理、单调有界定理 • 掌握函数连续与一致连续、有限闭区间上连续函数的性质
2. 一元函数微分学 最少学时：22学时	知识点： • 导数的概念、微分的概念 • 求导与微分的基本法则、复合函数的导数、反函数的导数 • 高阶导数、高阶微分 • 微分中值定理及其应用 • 洛必达法则 • 泰勒定理及其应用 • 函数性态的研究、作图 • 参数方程所确定的函数的导数
	学习目标： • 掌握导数和微分概念、基本初等函数的求导公式、导数运算法则 • 理解复合函数和反函数的求导方法、高阶导数的莱布尼茨公式 • 掌握费马定理、罗尔定理、拉格朗日中值定理和柯西中值定理 • 掌握泰勒定理以及基本初等函数的展开式 • 掌握利用导数求函数的单调性和极值、凹凸性及拐点的判定方法 • 掌握利用洛必达法则求函数的极限
3. 一元函数积分学及应用 最少学时：20学时	知识点： • 定积分的概念、函数的可积性、定积分的性质 • 原函数与不定积分、变限积分的性质 • 微积分基本公式与基本定理 • 两种基本积分方法 • 有理函数、三角函数有理式、简单无理函数的积分 • 定积分应用 • 广义积分
	学习目标： • 掌握原函数的概念、两类换元法求不定积分、分部积分法求不定积分，以及几类特殊函数的不定积分求解方法 • 掌握定积分概念及其基本性质，了解如何利用达布和的方法讨论可积性，掌握变限积分的概念及计算，掌握微积分基本定理、积分中值定理、定积分的分部与换元积分法 • 掌握平面面积、旋转体体积、旋转曲面面积、平面曲线的曲率与弧长的计算方法；了解定积分的物理应用，即变力做功、重心坐标、转动惯量等物理量的求解方法

（续）

知识单元	知识点描述
3. 一元函数积分学及应用 最少学时：20 学时	• 掌握无穷区间上广义积分的定义与计算、无穷区间上非负函数广义积分收敛的判别方法、无穷区间上广义积分收敛的狄利克雷和阿贝尔判别法
4. 多元函数微分学 最少学时：16 学时	知识点： • n 维欧几里得空间中点集的初步知识 • 多元函数的极限与连续 • 多元函数的偏导数与全微分、复合微分法、曲面的切平面与法线 • 高阶偏导数、高阶微分、多元函数的泰勒公式 • 隐函数及其微分法、空间曲线的切线与法平面 • 多元向量函数的微分法、函数的相关性 • 二元函数的极值、条件极值的拉格朗日乘数法 • 曲面的参数方程 • 空间曲线的曲率与挠率 学习目标： • 掌握多元函数极限的定义和相关基本结论、多元函数重极限和累次极限的关系 • 理解多元函数的连续与一致连续的概念、有界闭集上多元连续函数的基本结论 • 掌握多元函数的偏导数与微分的定义、多元函数的求导法则（四则运算和复合函数运算） • 掌握方向导数和高阶偏导数的计算方法、多元函数极值问题、隐函数和隐函数组的存在定理以及求导方法 • 掌握求解条件极值问题的拉格朗日乘数法
5. 多元函数积分学 最少学时：22 学时	知识点： • 多元函数积分的概念与性质 • 二重积分的定义、性质与计算 • 三重积分的定义、性质与计算 • 重积分的应用 • 含参变量的积分与反常积分 • 第一型曲线积分与曲面积分 • 第二型曲线积分与曲面积分 • 各种积分的联系及其在场论中的应用 学习目标： • 了解平面图形面积的定义以及相关基本结论、二重积分可积性的基本结论 • 掌握二重积分的计算方法，包括直角坐标系下的二重积分计算、二重积分的换元公式、极坐标系下的二重积分计算；掌握三重积分的定义及计算方法，包括直角坐标系下的三重积分计算、三重积分的换元公式、柱面坐标与球坐标变换与三重积分计算 • 掌握第一型曲线积分的定义与计算、第二型曲线积分的定义与计算；掌握格林公式及其应用，包括积分与路径无关的等价命题 • 掌握空间曲面的参数方程表示以及面积的计算方法；掌握第一型曲面积分的定义与计算方法、第二型曲面积分的定义与计算方法；了解两类曲面积分的关系；掌握高斯公式与斯托克斯公式 • 了解场的梯度、散度、旋度概念和基本结论

（续）

知识单元	知识点描述
6. 无穷级数 最少学时：24 学时	知识点： • 常数项级数的敛散性、绝对收敛级数的性质、正项级数收敛性的判定、任意项级数收敛性的判定 • 函数项级数、逐点收敛性、收敛半径 • 一致收敛函数项级数的分析性质 • 幂级数 • 傅里叶级数 学习目标： • 掌握数列极限的定义、收敛数列的基本性质、单调有界定理、闭区间套定理、柯西收敛原理，了解有限覆盖定理和列紧性定理 • 掌握无穷级数收敛的概念及其基本性质、正项级数的判别法（比较判别法、柯西判别法、达朗贝尔判别法）、一般项级数收敛的判别法（交错级数的莱布尼茨判别法、狄利克雷判别法和阿贝尔判别法），掌握绝对收敛和条件收敛 • 掌握函数序列一致收敛的定义以及一致收敛的判别定理；掌握函数项级数一致收敛的定义以及一致收敛性的判别定理（柯西收敛原理、魏尔斯特拉斯判别法、狄利克雷判别法、阿贝尔判别法）；掌握函数项级数的和函数的分析性质（连续性、可微性、可积性）；掌握函数的幂级数展开与简单应用 • 掌握傅里叶级数的基本概念；掌握傅里叶级数计算，包括以 2π 为周期函数的傅里叶展开、以 $2l$ 为周期函数的傅里叶展开、偶函数与奇函数的傅里叶级数；了解傅里叶级数逐点收敛定理
7. 常微分方程（*） 最少学时：10 学时	知识点： • 微分方程的概念 • 一阶微分方程 • 可降阶的高阶微分方程 • 常系数高阶线性微分方程 学习目标： • 掌握微分方程的基本概念、变量分离方程、一阶线性微分方程、二阶常系数线性齐次和非齐次微分方程

2.4.4　能力训练

数学分析的学习以严密的逻辑推理论证为基础，所以对相关重要定理进行证明以及利用定理求解典型问题是最重要的能力训练。总结归纳计算机科学中涉及的与数学分析有关的问题，从中提炼出需要利用数学分析解决的问题，以此激发学生更深入学习数学分析的兴趣。

数学分析的如下 5 个基本问题都可以用 4 种表征方法来表示，这样就更容易理解概念及其性质与关系。

1）对于函数 $f(x)$，$\Delta x = x - x_0$，当 Δx 趋于 0 时，$f(x)$ 趋于常数 A，称为函数极限

问题。

2）对于函数 $f(x)$，$\Delta x = x - x_0$，当 Δx 趋于 0 时，求 $f(x)$ 趋于 $f(x_0)$ 的极限问题，称为函数连续问题。

3）对于函数 $f(x)$，$\Delta x = x - x_0$，当 Δx 趋于 0 时，研究函数 $\Delta f(x)/\Delta x$ 的极限，称为导数问题。

4）函数 $f(x)$ 导数的逆运算问题，称为不定积分问题。

5）对于函数 $f(x)$，当微元 σ_k 趋于 0 时求 $\Sigma_k f(\xi_k)\sigma_k$ 极限问题，称为定积分问题。

在传统数学课程教学基础之上，提出一种数学概念的两种表征方法，即自然语言描述和数学语言描述，还可以适当增加计算表征及逻辑表征方法。

以数学分析中的极限概念为例，4 种表征方法如下。

1）自然语言描述。

定义（维尔斯特拉斯）：设函数 $f(x)$ 在点 x_0 邻域有定义，对于任意 $\varepsilon > 0$，存在 $\delta > 0$，对于任意 x，当 $|x - x_0| < \delta$ 时，都有 $|f(x) - A| < \varepsilon$，则称 x 趋于 x_0 时函数 $f(x)$ 的极限为 A，记为 $\lim_{x \to x_0} f(x) = A$。

2）数学语言描述。

$$\lim_{x \to x_0} f(x) = A \iff \forall \varepsilon > 0,\ \exists \delta > 0,\ \forall x(0 < |x - x_0| < \delta):\ |f(x) - A| < \varepsilon$$

3）计算表征（MATLAB）。

```
limit(f(x),x,x0)
```

4）逻辑表征。

$$\forall \varepsilon (\varepsilon > 0 \to \exists \delta (\delta > 0 \land \forall x (|x - x_0| < \delta \to |f(x) - A| < \varepsilon)))$$

在数学分析中，极限、连续、导数、不定积分及定积分都是重要概念，这些重要概念都可以用逻辑表征，见下表：

概念	逻辑方法
极限	$\forall \varepsilon(\varepsilon > 0 \to \exists \delta(\delta > 0 \land \forall x(|x - x_0| < \delta \to |f(x) - A| < \varepsilon)))$
连续	$\forall \varepsilon(\varepsilon > 0 \to \exists \delta(\delta > 0 \land \forall x(|x - x_0| < \delta \to |f(x) - f(x_0)| < \varepsilon)))$
导数	$\forall \varepsilon(\varepsilon > 0 \to \exists \delta(\delta > 0 \land \forall x(|x - x_0| < \delta \to |\Delta f(x)/\Delta x - A| < \varepsilon)))$
不定积分	$F'(x) = f(x)$
定积分	$\forall \varepsilon(\varepsilon > 0 \to \exists \delta(\delta > 0 \land \forall \Delta x_k \forall \xi_k(\max\Delta x_k < \delta \land \xi_k \in [x_{k-1}, x_k] \to |\Sigma_k f(\xi_k)\Delta x_k - A| < \varepsilon))$

数学概念、性质及关系用逻辑方法表示，能够让学生更严格精确地理解概念，并使用数理逻辑方法证明性质及定理。根据数理逻辑公理证明原理，形式证明的验证非常简单，即验证：

1）每一步是前提；

2）每一步是公理；

3）每一步是推导规则；

4）最后一步是结论。

在数学分析中，极限、连续、导数、不定积分及定积分都是重要概念，这些重要概念都可以用计算进行表征，如在 MATLAB 中，这些概念的表示方法见下表：

概念	计算方法（MATLAB 程序计算）
极限	limit(f(x),x,a)
连续	limit(f(x),x0)
导数	diff(f(x),x0)
不定积分	int(f(x))
定积分	int(f(t),t,a,x)

数学概念、性质及关系用计算方法表示，能够容易地构建概念实例，验证其性质，研究与验证概念之间的关系。

2.4.5 开设建议

数学分析是计算机类专业的一门重要基础课程。随着大数据分析、人工智能的发展，对数学基础的要求越来越高。一般研究型计算机专业开设该门课程。教学过程中，适当将数学工具（如 MATLAB 或 Python）引入习题训练，使得学生可以改变传统手工解题习惯，从而使用工具更高效地求解复杂问题。有条件的专业，鼓励学生学习用逻辑方法证明数学定理，并且对证明进行验证，为未来安全攸关软件的证明奠定基础。

2.5 线性代数

2.5.1 课程概述

线性代数是计算机科学与技术专业教学计划中必修的基础理论课和专业基础课。线性代数是讨论有限维空间线性理论的一门课程，它的理论和问题的处理方法广泛地应用于计算机科学与技术的各个领域。通过该课程的学习，学生要把握线性代数的基本内容，诸如行列式、矩阵、线性方程组、向量空间、线性空间及变换、相似矩阵及二次型等；学生要掌握线性代数的基本计算方法，较好地理解线性代数这门课的抽象理论，培养严谨的逻辑推理能力、空间想象能力、运算能力以及综合运用所学的知识分析问题和解决问题的能力。

2.5.2　内容优化

本课程的主要内容为：行列式、矩阵及其运算、矩阵的初等变换与线性方程组、向量空间、相似矩阵及二次型、线性空间与线性变换等。该课程所体现的几何观念与代数方法之间的联系、从具体概念抽象出来的公理化方法，以及严谨的逻辑推证、巧妙的归纳综合等，对于强化学生的数学训练，培养学生的逻辑推理和抽象思维能力、空间直观和想象能力具有重要的作用。

随着机器学习、人工智能、大数据、量子计算等新兴技术的飞速发展以及计算性能的快速提升，线性代数的作用越来越大，以往教学所及的内容已经不太适应智能时代发展的需要。需要补充的内容包括：

1）矩阵的 LU 分解基本概念、算法及其应用、奇异值分解。

2）子空间、直和的定义及其基本性质、维数定理。

3）埃尔米特矩阵及其相关性质。

4）内积空间的应用、伴随、谱定理、正算子、等距同构等。

线性代数不仅仅在于解决解方程的问题，更应该注重向量空间、线性变换等内容。此外，对于行列式的计算和一些技巧有必要减弱部分内容。建议弱化的内容：

1）行列式的严格的数学定义，包括逆序数、全排列。

2）克拉姆法则仅仅作为一个例子讲述即可。

2.5.3　知识结构

知识单元	知识点描述
1.行列式 最少学时：6 学时	知识点： • 二阶与三阶行列式 • 高阶行列式的定义及其性质 • 行列式展开定理及其应用 学习目标： • 理解 n 阶行列式的定义 • 理解并熟练掌握 n 阶行列式的基本性质 • 理解并熟练掌握 n 阶行列式的行列展开公式
2.矩阵及其运算 最少学时：8 学时	知识点： • 矩阵的定义及其特殊矩阵 • 矩阵的运算 • 逆矩阵 • 矩阵的分块法 • 矩阵的 LU 分解

（续）

知识单元	知识点描述
2. 矩阵及其运算 最少学时：8 学时	学习目标： ● 准确掌握矩阵定义及其相关的一些特殊矩阵 ● 掌握矩阵的基本运算及其相应性质 ● 熟练掌握取方阵行列式的方法及其运算法则 ● 理解逆矩阵的概念 ● 了解分块矩阵的基本知识 ● 掌握矩阵的 LU 分解
3. 矩阵的初等变换及 其线性方程组 最少学时：6 学时	知识点： ● 矩阵的初等变换 ● 矩阵的秩 ● 线性方程组的解 学习目标： ● 熟练掌握矩阵的初等变换及用初等变换求逆阵的方法 ● 熟练掌握用矩阵的初等行变换化矩阵为行最简形 ● 熟悉矩阵秩的概念 ● 掌握矩阵秩的基本性质 ● 掌握矩阵的初等变换及其表示方法，理解矩阵等价的概念 ● 掌握矩阵初等变换与初等矩阵的关系 ● 理解齐次线性方程组有非零解的充要条件及非齐次线性方程组有解的充要条件 ● 掌握用初等行变换求线性方程组解的方法，掌握克拉姆法则的条件、结论
4. 向量空间 最少学时：12 学时	知识点： ● 向量组及其线性组合 ● 向量组的线性相关性 ● 向量组的秩 ● 线性方程组的解的结构 ● 子空间 学习目标： ● 理解 n 维向量的概念、理解向量组 A 能由向量组 B 线性表示的概念 ● 掌握两个向量组等价的概念 ● 理解向量组线性相关、线性无关的定义并熟悉这一概念与齐次线性方程组的联系 ● 掌握向量组线性相关、线性无关的重要结论 ● 理解向量组的最大无关组与向量组秩的概念 ● 了解 n 维向量空间、子空间、基、维数等概念 ● 理解齐次线性方程组的基础解系、通解等概念及非齐次线性方程组解的结构
5. 相似矩阵及二次型 最少学时：12 学时	知识点： ● 向量的内积 ● 特征值和特征向量 ● 相似矩阵 ● 对称矩阵的对角化 ● 二次型及其标准型 ● 正定二次型

(续)

知识单元	知识点描述
5. 相似矩阵及二次型 最少学时：12 学时	学习目标： • 掌握向量的内积、长度、正交、内积空间及其正交基 • 掌握相似矩阵、矩阵的特征值与特征向量等概念 • 掌握实矩阵的对角化的概念 • 掌握实对称矩阵一定正交相似于对角阵的定理 • 掌握二次型及其矩阵表示，了解二次型的秩的概念 • 掌握实二次型的标准形式及其求法 • 了解惯性定理和实二次型的规范形 • 掌握正定二次型、正定矩阵的概念及它们的判别法
6. 线性空间及其变换 最少学时：10 学时	知识点： • 线性空间的定义与性质 • 维数、基与坐标 • 基变换与坐标变换 • 线性变换 • 内积空间上的算子
	学习目标： • 掌握线性空间的定义以及线性空间的基与维数 • 掌握坐标的概念及 n 维线性空间与数组向量空间同构的原理 • 理解基变换与坐标变换的原理 • 掌握线性变换与矩阵之间的关系

2.5.4 能力训练

线性代数是一种语言，可借助 MATLAB、Python 等数学工具，让学生去发现线性代数中基础的数学与数值问题，学会处理一些数值计算。在能力训练中，熟悉计算机中用来表示数字的方法，并理解舍入误差。在教学的过程中，可以选择 MATLAB、Python 练习与求解方程组有关的问题。

1）考虑线性方程组的数值解。由于数据精度的限制，矩阵元素转化为计算机使用的有限位精度数字时会产生舍入误差，因此，计算机求解的方程组是原方程组的一个小的扰动形式。使用 cond 命令来练习良态问题。

2）对角化问题。矩阵的特征值的敏感性依赖于对角矩阵的条件数。使用 MATLAB、Python 求一个 7 阶随机产生的矩阵的特征值和特征向量，并计算特征向量矩阵的条件数。

3）奇异值分解。使用 MATLAB、Python 计算课程习题中矩阵的奇异值，并学会使用 MATLAB、Python 计算向量的范数等。

2.5.5 开设建议

线性代数是计算机类专业的一门重要基础课程。它在计算机类专业中有着广泛的作用，是计算机科学与技术专业的必修课。各高校在开设该课程时可以根据生源质量、培养目标、培养方案调整教学内容。

依据学生的培养目标，研究型、工程型、应用型三种类型的院校对数学基础知识的要求逐级降低。培养研究型学生的专业或学校可适当增加线性代数课程的课时，强化向量空间、线性变换、特征值等方面的知识，并提高对基本定理证明的要求；培养工程型的学生需加强线性代数的应用、问题求解的能力要求，降低对定理证明的要求；培养应用型的学生可将线性代数的知识点与 Mathematica、Maple 和 MATLAB 等数值工具相结合，解决线性代数方面的问题，对于定理证明不做过多要求。

从培养方案的角度，线性代数应结合各专业的课程设置调整内容，适应时代发展的要求。根据学校培养方针，适当增加一些相应的应用问题。

2.6 概率论与数理统计

2.6.1 课程概述

互联网、大数据和人工智能等学科的飞速发展，使得概率统计的应用愈加宽广，因此，对该课程的教学也相继提出了更多、更高的要求。

数理统计学主要分析带有随机性的数据，而随机性的研究是概率论的核心内容，这使得数理统计一般与概率论联系在一起。一定程度上，概率论可以看作数理统计的理论基础，数理统计是概率论的应用。

通过本课程的学习，学生要理解概率论与统计学的基本概念，学会解决随机性问题的方法，掌握常用的概率模型及统计方法，熟悉常用统计软件的使用。

2.6.2 内容优化

从教学内容上看，概率统计的大部分内容需要用到微积分的知识，对于高中时期已学过的概念和证明等可适当弱化，后续专业课程会深入讲解的内容也可以适当弱化。建议弱化的内容包括：

1）高中数学已学习过的内容，包括样本空间、古典概型等。

2）估计量评价的一致性。

3）依概率收敛等。

由于人工智能的发展以及大数据分析的需要，建议在传统的概率论与数理统计的内容中适当增加如下内容以及对应的应用实例。

1）描述性统计，如统计学史、变量、统计图表等。

2）非参数检验，如符号检验、偏度和峰度检验等。

3）方差分析。

4）非线性回归、多元线性回归等。

2.6.3　知识结构

知识单元	知识点描述
1. 概率论基础 最少学时：6 学时	知识点： • 概率定义 • 古典概率 • 条件概率、全概率公式与贝叶斯公式 • 独立性
	学习目标： • 了解概率的含义 • 掌握古典概率的计算方法 • 了解条件概率，掌握条件概率的计算方法；掌握全概率公式及贝叶斯公式 • 了解独立性的定义，掌握其计算方法
2. 随机变量及其分布 最少学时：6 学时	知识点： • 随机变量的概念 • 离散型随机变量 • 连续型随机变量 • 随机变量函数的分布
	学习目标： • 了解随机变量的定义 • 掌握离散型随机变量的定义以及常用的几种分布 • 掌握连续型随机变量的定义以及常用的几种分布 • 会计算简单的随机变量函数的分布
3. 多维随机变量 最少学时：5 学时	知识点： • 多维随机变量的联合分布与边缘分布 • 独立性
	学习目标： • 了解多维随机变量的含义 • 掌握计算联合分布与边缘分布的方法 • 了解独立性的含义并会计算

（续）

知识单元	知识点描述
4. 数字特征 最少学时：4 学时	知识点： • 数学期望 • 方差、标准差 • 矩 • 协方差、相关系数 学习目标： • 了解数字特征的含义 • 掌握数学期望、方差、标准差、矩以及相关系数的计算方法
5. 大数定律与中心极限定理 最少学时：2 学时	知识点： • 切比雪夫不等式 • 大数定律 • 中心极限定理 学习目标： • 了解大数定律、中心极限定理的含义 • 掌握常用的几个大数定律与中心极限定理并进行计算 • 掌握切比雪夫不等式
6. 统计学概念 最少学时：1 学时	知识点： • 统计学的产生与发展 • 统计学的基本概念 学习目标： • 了解统计学发展的历史 • 了解统计学的基本概念 • 对专业问题做统计学的案例分析
7. 描述性统计 最少学时：2 学时	知识点： • 变量定义 • 统计图表 • 数据汇总 学习目标： • 了解统计学中常用的变量 • 了解常用的统计图表
8. 统计量及其抽样分布 最少学时：6 学时	知识点： • 简单随机样本、统计量 • 三大分布 χ^2、t、F • 抽样分布理论 学习目标： • 了解统计推断的含义 • 了解总体、样本、统计量的定义，掌握常用的统计量 • 了解三大分布，掌握其构造方式 • 了解抽样分布理论的基本定理，会利用它们确定统计量的分布
9. 参数估计 最少学时：4 学时	知识点： • 参数估计的含义

（续）

知识单元	知识点描述
9. 参数估计 最少学时：4 学时	• 点估计 • 极大似然估计 • 估计量的评价标准：无偏性、有效性、一致性 • 区间估计
	学习目标： • 了解参数估计、区间估计的基本概念 • 掌握点估计、极大似然估计的方法 • 了解估计量的评价标准，掌握基本的评价方法 • 掌握常用类型的区间估计方法
10. 假设检验 最少学时：2 学时	知识点： • 假设检验的概念，小概率原理 • 两类错误 • 常用的假设检验类型
	学习目标： • 了解假设检验的基本概念 • 了解假设检验的理论基础和两类错误 • 掌握常用的假设检验的类型
11. 非参数假设检验 最少学时：4 学时	知识点： • 符号检验 • 卡方非参数检验 • K-S 检验 • 偏度、峰度检验 • 秩和检验
	学习目标： • 了解非参数检验的含义 • 掌握常用的非参数检验的方法
12. 方差分析 最少学时：2 学时	知识点： • 方差分析概要 • 双因素方差分析 • 正交实验
	学习目标： • 了解方差分析的基本概念 • 掌握双因素方差分析方法 • 掌握正交实验设计方法
13. 相关性及回归分析 最少学时：4 学时	知识点： • 相关性分析 • 一元线性回归 • 非线性回归 • 多元线性回归
	学习目标： • 了解相关性、回归的概念 • 掌握线性回归方程的求解方法 • 了解非线性回归问题转化为线性回归的方法

2.6.4 能力训练

在能力训练中主要强化以下两方面：

1）传统概率论与数理统计的课程作业主要是为了让学生学会利用公式解决典型的概率统计问题。在智能时代，数据集规模和问题的复杂程度都急剧增加，学生需掌握利用计算机解决复杂问题的方法，具备推导证明的能力。

2）在教学过程中，可以使用 MATLAB、Python 等比较适合作为学习数学知识的现代工具解决部分章节中典型的概率统计问题。

通过 MATLAB 工具，以计算作为认知模型容易实现经典概率分布以及随机变量的数字特征。这种学习方式具有直观性，宜于学生深刻理解与掌握该课程的内容。

- 典型概率分布

二项分布	Y=binopdf(x,n,p)	x=1:100; y=binopdf(x,100,0.5);
几何分布	Y=geopdf(x,p)	x=-5:0.2:10; y=geopdf(x,0.3);
超几何分布	Y=hygepdf(x,m,k,n)	x=0:0.02:50; y=hygepdf(x,500,50,250);
泊松分布	Y=poisspdf(x,lambda)	x=1:40; y=poisspdf(x,10);
连续均匀分布	Y=unifpdf(x,a,b)	x=1:20; y=unifpdf(x,8,10);
指数分布	Y=exppdf(x,mu)	x=0:0.1:10; y=exppdf(x,1);
正态分布	Y=normpdf(x,mu,sigma)	x=-10:0.1:10; y=normpdf(x,0,1);

- 随机变量的数字特征

二项分布	[E,D]=binostat(n,p)
几何分布	[E,D]=geostat(p)
超几何分布	[E,D]=hygestat(m,k,n)
泊松分布	[E,D]=poisstat(lambda)
连续均匀分布	[E,D]=unifstat(a,b)
指数分布	[E,D]=expstat(mu)
正态分布	[E,D]=normstat(mu,sigma)
t 分布	[E,D]=tstat(nu)
χ^2 分布	[E,D]=chi2stat(nu)
F 分布	[E,D]=fstat(v1,v2)

我们可以实现泊松分布。

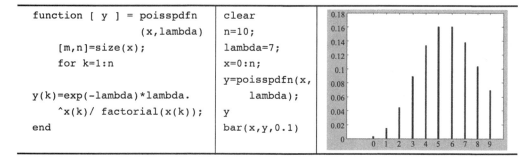

```
function [ y ] = poisspdfn
                (x,lambda)
    [m,n]=size(x);
    for k=1:n

y(k)=exp(-lambda)*lambda.
    ^x(k)/ factorial(x(k));
end
```

```
clear
n=10;
lambda=7;
x=0:n;
y=poisspdfn(x,
    lambda);
y
bar(x,y,0.1)
```

2.6.5　开设建议

概率论与数理统计是计算机类专业的一门重要基础课程。它在计算机类专业中有着广泛的作用，是计算机科学与技术专业的必修课。各高校在开设该课程时可以根据生源质量、培养目标、培养方案调整教学内容。

依据学生的培养目标，研究型、工程型、应用型三种类型的院校对数学基础知识的要求逐级降低。培养研究型学生的专业或学校可适当增加概率论的课时，强化随机变量及其函数的分布、大数定律与中心极限定理、抽样分布等方面的知识，并提高对定理证明和逻辑推导的要求；培养工程型的学生需加强非参数检验、相关性及回归分析的要求，降低对定理证明的要求；培养应用型的学生可要求掌握描述性统计的方法，通过 Python 等语言解决概率统计中常见的问题，对于定理证明不做过多要求。

从培养方案的角度，概率统计应结合各专业的课程设置调整内容。每个部分的应用实例应结合诸如 Python 语言以及后续课程选择。另外，后续课程中将详细讲解的内容，如依概率收敛的含义及分析、非参数的检验等，可以适当减少课时。

2.7　数学建模

2.7.1　课程概述

数学建模是研究如何将数学方法和计算机知识结合起来用于解决各领域实际问题的一门课程，是集经典数学、现代数学、计算机编程和实际问题于一体的新型课程，是应用数学解决实际问题的重要手段和途径。通过数学建模的学习，学生可以掌握一些基本的建模方法、建模原理和数学软件的应用技能，提高将实际问题转化为数学问题的抽象归纳能力、应用数学方法分析和解决问题的建模能力、运用计算机手段实现数学模型求解的编程能力。

通过学习初等模型、简单优化模型、数学规划模型、微分方程模型、差分方程模型、离散模型、概率模型、统计模型、博弈模型等模型的基本建模方法及求解方法，学生可以体会和实践解决实际问题的完整过程，建立起实际问题与数学方法和计算机手段之间的桥梁，培养初步的创新能力、自学能力、发散思维能力，为"学以致用"打下良好的基础。

2.7.2　内容优化

数学建模让学生将数学方法和计算机知识结合起来用于解决实际问题，从实际问题出发，遵循"实践 – 认识 – 实践"的规律，围绕建模的目的，对实际问题进行抽象、简化、探索和完善，直到构造出能够用于分析、研究和解决实际问题的数学模型并用计算机求解模型，它是一门将实际问题引入课堂的课程。

数学建模课程的基础包括多数学生具备的初等数学、高等数学、线性代数、概率论、数理统计等知识和方法，也包括学生可能暂不具备的数学物理方程、差分方程、运筹学等知识和方法，还包括实际问题的背景知识，但数学建模课程对这些基础知识的要求因教学目标和教学实际问题案例的选择而不同。教学中可以根据教学目标、数学基础、课程学时优化教学内容。

2.7.3 知识结构

知识单元	知识点描述
1. 建立数学模型 学时：2 ～ 4 学时	知识点： • 数学建模的定义 • 数学模型的分类 • 数学建模的意义以及相关应用 • 数学建模的作用和学习方法 学习目标： • 理解数学建模的定义 • 了解数学模型的分类 • 了解数学建模的意义以及相关应用 • 了解数学建模的作用和学习方法 • 通过建模实例熟悉数学建模的建模步骤
2. 初等模型 学时：2 ～ 4 学时	知识点： • 比例方法建模 • 简单的图的模型 学习目标： • 掌握比例方法，结合其他领域的知识建立数学模型 • 掌握图解法，解决简单的图的模型相关实际问题
3. 简单优化模型 学时：2 ～ 4 学时	知识点： • 优化模型的建模思想 • 简单优化模型 • 敏感性、强健性分析 学习目标： • 理解优化模型的建模思想 • 了解存储模型解决优化问题的建模示例 • 了解微积分在解决实际问题以及敏感性、强健性分析方面的应用
4. 数学规划模型 学时：2 ～ 4 学时	知识点： • 数学规划模型的一般形式 • 线性规划模型的基本特点 • 整数规划问题

（续）

知识单元	知识点描述
4. 数学规划模型 学时：2～4学时	学习目标： • 熟悉数学规划模型的一般形式 • 理解线性规划模型的基本特点和优化模型的一般意义 • 了解整数规划问题的思路并且结合编程软件进行求解
5. 微分方程模型 学时：2～4学时	知识点： • 简单的微分方程建模方法 • 微分方程模型求解方法 学习目标： • 掌握简单微分方程的建模方法 • 了解微分方程模型的求解方法
6. 差分方程模型 学时：2～4学时	知识点： • 差分方程建模离散问题的方法 • 差分方程建模连续问题的方法 学习目标： • 了解差分方程建模离散问题的方法 • 了解差分方程建模连续问题的方法
7. 离散模型 学时：2～4学时	知识点： • 层次分析模型 • 多属性决策模型 学习目标： • 了解层次分析法原理及建模过程 • 了解多属性决策方法及建模过程
8. 概率模型 学时：2～4学时	知识点： • 随机变量和概率密度函数在数学建模中的运用 • 运用全概率公式设计调查问卷 学习目标： • 了解随机变量和概率密度函数在数学建模中的运用 • 理解并熟练运用全概率公式设计调查问卷并估计相关参数
9. 统计模型 学时：2～4学时	知识点： • 线性回归模型 • 非线性回归模型 学习目标： • 掌握线性回归的一般步骤并学会相关问题的建模与求解 • 了解非线性回归方程建模的一般步骤，理解非线性回归的含义以及求解方法，学会使用 MATLAB 对相关问题进行建模与求解
10. 博弈模型 学时：2～4学时	知识点： • 合作博弈模型 • 非合作博弈模型 学习目标： • 了解合作博弈理论在实际问题中的应用 • 了解非合作博弈理论在实际问题中的应用

2.7.4　能力训练

在能力训练中主要强化以下两方面：

1）数学建模课程面向解决实际问题，需要引导学生从实际问题中观察、分析、发现其中的量之间的关系，并运用合适的数学工具得到一个数学结构（即数学模型），从而构建起实际问题与课堂所学知识之间的桥梁，使得所学知识"活"起来。为此，要强化数学模型建立的发现过程，要引导学生了解背景知识或课前鼓励学生自己查阅、掌握实际问题的背景知识，使学生逐步具备观察、分析、描述实际问题的能力。

2）数学建模强调学生体验实际问题的完整解决过程，教学中应该有部分实际问题案例展现完整解决问题过程，应鼓励学生课后对部分实际问题案例的数学模型用数学软件及计算机编程实现求解过程。

2.7.5　开设建议

数学建模是计算机类专业的一门重要课程。它强化计算机类专业学生在计算机编程应用方面的优势及在解决实际问题方面的作用。各高校在开设该课程时可以根据生源质量、培养目标、培养方案及课程学时调整教学内容。

3

计算平台层课程体系

3.1　简介

3.1.1　课程体系概述

计算平台课程旨在培养学生智能计算软硬件协同设计的思维，让学生掌握智能计算平台的设计与开发方法。根据智能时代计算机系统的发展趋势与学生的知识体系，本课程体系主要从计算基础以及云 – 网 – 端两个逻辑层次上设置课程（如图 3-1所示）：计算基础课程包括计算机系统基础、数字逻辑与计算机组成、操作系统、编译原理四门课程，云 – 网 – 端课程包括计算机体系结构、智能嵌入式系统、分布式系统、并行程序设计、计算机网络五门课程。其中，传统计算机体系结构课程的相关知识点放到数字逻辑与计算机组成以及计算机系统基础课程中，本课程体系中的计算机体系结构课程着重讲解并行体系结构以及智能芯片结构等内容，并按照方向性课程设置放在云 – 网 – 端逻辑层。

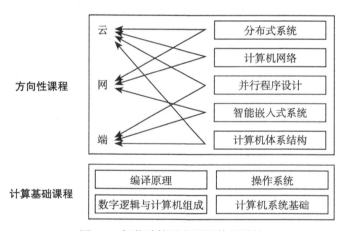

图 3-1　智能计算平台课程体系结构

3.1.2　优化思路

针对智能时代学生系统能力的培养需求与课程学时的相关限制，本课程体系采用"课程重构、知识衔接、并行强化、能力并重、新点扩展"的优化思路来规划课程设置。

1. 课程重构

在传统课程设置中，存在知识点重复、前后衔接不连贯的问题。如在传统课程体系中，"数字逻辑与数字系统"（"数字逻辑电路"）和"计算机组成原理"独立开设，但实际上这两门课程内容之间的关联非常密切。前者从计算机系统底层的器件层开始，涵盖器件、数字电路、功能部件以及部分微体系结构内容；后者从寄存器传送层（RTL）开始，涵盖功能部件、微体系结构、指令集体系结构和部分与操作系统等上层软件关联的部分。因此，二进制信息编码、基本运算器和存储器电路等都是重叠部分，这些内容在两门课程中重复讲解，造成课时浪费。此外，这两门课程中的有些内容还可能在"计算机系统基础"课程中重复讲解。将这两门密切关联的课程分开独立开设存在的另一个问题是课程内的知识无法融会贯通。例如，"数字逻辑电路"课程中的数字系统部分，通常会以计算机中的一个简单数据通路为例进行讲解，但因课程中不涉及指令系统，没有指令执行概念，学生很难明白"为什么这样的数字系统中需要有寄存器、多路选择器和运算器？""数据从哪里来？"等问题。为此，在我们规划的计算平台类课程体系中，将这两门课程重组合并成"数字逻辑与计算机组成"课程。

2. 知识衔接

系统能力培养需注重学生对整体计算机系统的理解。因此，各个课程的知识点之间应该合理、紧密地衔接在一起，帮助学生理解各个课程设置的目的及其在整个课程体系中的定位。以"数字逻辑与计算机组成""计算机系统基础"两门课程为例，"数字逻辑与计算机组成"课程涉及计算机系统中底层数字逻辑电路、微体系结构以及指令集体系结构等偏硬件的核心内容，即位于计算机系统中数字逻辑电路到指令集体系结构（ISA）之间的 4 个抽象层（从下到上依次是数字逻辑电路层、功能部件/RTL层、微体系结构层、指令集体系结构层），属于整个计算机系统的基础部分。因为是两门课程合二为一，所以需要裁剪传统课程内容，并通过和"计算机系统基础""计算机体系结构"等相关课程的统一协调来合理安排教学内容。其主要思路如下：数字逻辑中仅保留与后续 CPU 设计以及存储器和 I/O 组织相关的基础知识，将存储器层次结构中除存储器芯片之外的部分和 I/O 子系统部分调整到"计算机系统基础"课程中。这样，对于存储器部分，可以在"计算机系统基础"课程中全面讲解操作系统和CPU 如何根据 ELF 文件的程序头表进行存储器映射、如何生成页表、如何进行地址转换和缺页处理的整个框架结构；对于 I/O 部分，可以在"计算机系统基础"课程中全面讲解一个 I/O 标准库函数（如 printf()）如何通过系统调用封装函数中的陷阱指令，从用户态陷入内核态，由内核中的系统调用服务例程直接控制外设实现 I/O 的完整过程。

"数字逻辑与计算机组成"的教学安排可采用"自底向上"的方式，以简单的RISC 架构为模型机，从计算机系统抽象层中底层的器件开始，到数字电路层、功能部件层、指令集体系结构层，最后介绍微体系结构层的中央处理器。因为从基本器件讲起，可为零基础学生开设，无须安排前导课；而且因为有指令集体系结构的概念，可以建立微体系结构和程序的关系，从而实现硬件与软件融合。"计算机系统基础"的教学安排采用"自顶向下"的方式，从程序员视角出发，在目前主流的真实 IA-32/x64+Linux 平台上展开深入的计算机系统教学。

按照上述思路，将微体系结构层的 CPU 部分划分到"数字逻辑与计算机组成"课程，存储器和 I/O 两部分划分到"计算机系统基础"课程。如此划分，教学内容既不会知识重叠，知识点也可以无缝衔接，而且每门课程内部的知识点融会贯通、密切关联，从而能够用尽量少的课时实施全方位贯通性教学，以达到更高的培养目标。

3. 并行强化

随着智能时代下的计算应用规模急剧扩大，多核 / 多处理器 / 多计算机并行计算成为计算技术发展的必然趋势，然而传统计算系统平台相关课程中对于并行知识点涉及较少。为此，本课程体系增加了分布式系统课程、并行程序设计课程，并在计算机体系结构课程大纲中加大了并行知识点的比重，实现了并行知识体系从云到端的全覆盖。

分布式系统课程大纲包含分布式系统理论基础（分布式通信、分布式并发控制、分布式共识等），分布式系统支撑技术（分布式共享内存、分布式文件系统、分布式数据管理、数据流等），典型分布式系统架构与应用（对等计算、网格计算、云计算、MapReduce 等）。该课程旨在帮助学生构建分布式系统领域的核心知识网络，关联分布式系统的各项支撑技术，以及掌握分布式系统的基本架构，并最终引导学生以分布式的思维解决海量数据的处理、存储和管理等问题。

并行程序设计课程大纲包含并行编程基础原理（并行体系结构、并行编程模型、并行编程方法学、并行程序性能分析等），并行编程环境与技术（共享内存与 OpenMP、消息传递与 MPI、GPGPU 与 CUDA 编程模型等），以及并行编程实践。该课程旨在帮助学生了解并行编程的基本原理并掌握在并行环境下软件的开发、调试与测试方法。

计算机体系结构课程大纲缩减了计算机性能定量分析技术的有关内容，扩展了与并行相关的知识点，帮助学生理解并行技术在计算机体系结构中多个层级的内涵与应用，具体包括开发级的指令、数据、线程并行，以及云计算中的请求与数据并行。

4. 能力并重

传统计算机课程体系中系统性综合实践环节的缺乏导致学生在理论上一知半解，且实践动手能力较差。为此，本课程体系强调知识点与实践的紧密结合，以便学生加深对基础理论知识的理解的同时强化动手能力。具体来说，本课程体系为每门课程都配套了项目实践并建议将其成绩作为学生的重要考核指标。

在计算基础课程中，新课程体系着重于利用串联的项目实践培养学生完整的计算机系统概念。例如，数字逻辑与计算机组成课程要求学生从逻辑门开始，逐步设计并构建流水线 CPU，以加强学生的计算机系统底层技术能力。编译原理课程通过组件化的编译实践框架，循序渐进地帮助学生消化、理解理论知识，并最终完成一个接近实际工程项目规模的项目。操作系统课程训练学生在操作系统方面的编程开发与调试能力，包括内核引导、内存管理、用户进程与异常处理、多核处理等。计算机系统基础课程要求学生在 Linux+GCC 环境下，实现一个功能完备但简化的 x86 模拟器 NEMU，并最终在 NEMU 上运行游戏，以引导学生探究"程序在计算机上运行"的机理，训练学生构建一个简单但完整的计算机系统。通过课程之间相互关联的项目实践，学生能够很好地将高级语言程序设计、汇编语言、计算机组成与系统结构以及操作系统和编译链接等计算机系统中最核心的概念贯穿起来，以建立完整的计算机系统理念，从而深刻理解计算机系统中各个抽象层之间的转换等价关系。

在方向性课程中，新课程体系着重于培养学生智能时代下的计算机系统设计与应用能力。例如，分布式系统课程项目实践中加入了 Paxos 算法实践、MapReduce 编程实践和 TensorFlow 编程实践，以强化学生实现分布式算法、部署分布式系统、开发分布式应用的实际动手能力。此外，并行程序设计也是为加强学生动手能力而专门开设的课程，其项目实践要求学生能够掌握和利用 OpenMP、MPI、MapReduce、CUDA 等工具与编程模型对矩阵计算等算法进行并行化，并能够使用并行方法实现 Akari 问题与 K-means 等算法。通过该实践项目，学生能够了解和熟悉并行与分布式程序开发的相关环境和工具，并通过对并行化过程和结果的分析，从并行化原理、编译原理和操作系统原理等更深层次上分析和了解程序并行化的目的以及性能提升的原因，最终掌握对复杂问题进行并行程序设计和优化的方法，培养追求效率更高、质量更好的代码的创新意识。

5. 新点扩展

传统计算机平台课程体系的教学内容以 PC 时代的内容为主体，对于近十年来出现的多核 / 众核处理器、分布式和并行计算模式等主流计算平台的内容涉及较少。特别是对于后 PC 时代的学生所需的关于嵌入式系统、移动终端系统和云计算系统等系统知识体系，教学目前还很薄弱。为满足智能时代的计算机专业人才知识与能力需求，本课程体系从计算基础以及云 – 网 – 端两个逻辑层次上设置课程。特别地，在"云"层，本课程体系加入了原本为研究生开设的分布式系统课程，通过精简的分布式理论知识以及典型的分布式系统与应用的讲解，扩展了本科生的视野，使本科生理解"云"如何为智能时代的新型应用提供计算和存储服务。此外，重构后的计算机体系结构课程与并行程序设计课程也为"云"计算应用的设计、编程及优化提供了指导。在"网"层，除了经典的计算机网络知识，本课程新增了物联网的相关知识点

（嵌入式网络搭建、嵌入式网络协议等），丰富了智能时代下"网"的内涵。在"端"层，本课程体系在原有嵌入式系统课程框架下，淡化传统器件级硬件结构、程序设计方法等内容，增加主流嵌入式智能硬件（智能手机、智能物联终端、自主运动体等）以及智能嵌入式软件设计等相关知识点，提升学生基于嵌入式智能硬件的系统开发能力，让学生从智能硬件开发中了解嵌入式系统的智能化发展，认识智能硬件对于传统嵌入式系统性能的显著提升。

3.2　计算机系统基础

3.2.1　课程概述

教育部 2013 ～ 2017 年计算机专业教学指导委员会"计算机类专业系统能力培养研究"项目提出了计算机专业系统能力培养课程体系设置的总体思路，重新规划了计算机系统核心课程内容。其中，"计算机系统基础"作为计算机专业系统能力培养课程体系中的新设置课程，主要用于将"程序设计基础"和"数字逻辑电路"两门课程之间存在于计算机系统抽象层中的"中间间隔"填补完整，并将计算机系统抽象层中的知识点很好地关联起来，为学生构造出完整的计算机系统基本框架，让学生能够很好地建立计算机系统整机概念，强化学生的"系统思维"。因此，计算机系统基础课程是计算机科学与技术专业重要的专业基础课。

该课程主要介绍高级语言程序中的数据类型及其运算、语句和过程调用等是如何在计算机系统中实现的，从宏观上介绍计算机系统涉及的各个层次。主要内容包括数据的机器级表示和基本运算、程序的转换及机器级表示、程序的链接、程序和指令的底层执行机制、存储器层次结构、Cache、虚拟存储器、异常和中断、I/O 操作的实现机制等。

通过本课程的学习，学生可从程序员角度认识计算机系统，能够建立高级语言程序、ISA、OS、编译器、链接器等之间的相互关联，能够对指令在硬件上的执行过程和指令的底层硬件执行机制有较深刻的认识和理解，从而增强程序调试、性能提升、程序移植等方面的能力，并为后续的"操作系统""编译原理""计算机体系结构"等课程打下坚实基础。

学习"计算机系统基础"课程之前，学生需要具有 C 语言程序设计基础。学生不仅可将 C 程序中的变量和常量与数据的机器级表示关联，将 C 程序中的表达式与运算指令及运算电路关联，也可将 C 程序中的各类语句与特定的指令序列关联，并能深刻理解高级语言程序的编译、汇编、链接与加载执行过程。特别是在讲解存储器层次结构与程序访问局部性的关系时，可以通过 C 程序的具体实例加深学生的理解，使学生深刻理解为何需要通过陷阱（陷入）指令从用户程序转到操作系统内核程序进行执行。

3.2.2　内容优化

在新的"智能时代计算机类专业教育 – 计算机类专业系统能力培养 2.0"方案中，将传统的"数字逻辑电路"和"计算机组成原理"课程进行合并，形成一门"数字逻辑与计算机组成"课程，因而课程体系中与其密切相关的"计算机系统基础"课程也要相应地进行优化调整。

具体的教学内容调整如下：

（1）**计算机系统概述**　增加在给定简单模型机上执行最简单程序的例子，以强调高级语言程序和机器级代码之间的关系，并使学生初步理解程序和指令之间的关系，以及指令的大致执行过程；增加对系统核心层之间关联关系的介绍，使学生初步理解计算机系统各层次之间协调完成一个程序的开发与运行的整个过程。

（2）**数据的机器级表示与处理**　这部分内容在"数字逻辑与计算机组成"等课程中也有介绍。若本课程先于其他相关课程开设，则这部分内容应详细介绍，可运用具体的 C 语言程序实例结合高级编程语言规范进行介绍；若在"数字逻辑与计算机组成"等课程后开设本课程，则只要结合具体程序中的数据表示和运算问题，简要回顾一下相关内容即可。

（3）**程序的转换及机器级表示**　机器级代码主要是以汇编语言形式为主；因为 IA-32/x64 是复杂指令集计算机（CISC）的典型代表，因而涉及内容比较多而烦琐，所以对于 IA-32/x64 的细节内容，可以通过实验和课后作业来引导学生查资料获得；C 语言程序中的各类语句被转换为机器级代码后的机器级表示，以及各类复杂类型数据的分配和访问、数据的对齐存放等内容，对于学生理解高级语言程序如何在计算机上执行、不同存储类型变量的作用域和生存期、嵌套和递归调用的时间开销和空间开销、逆向工程、缓冲区溢出及其防范等方面都有非常大的帮助，应通过列举大量 C 语言程序实例，通过反汇编的方式来介绍。

（4）**程序的链接**　在传统教学体系中没有一门课程涉及链接的具体过程，而链接又处于多个核心内容的交叉点上，因而对其深入理解是非常有必要的，这对于良好的程序设计习惯的养成、增强程序调试能力、深入理解进程的虚拟地址空间概念等都有非常重要的作用，因此，需要通过实验进一步加强链接相关的内容。

（5）**程序的执行**　其属于"数字逻辑与计算机组成"等课程的重要内容，若不开设"数字逻辑与计算机组成"等相关课程，则这部分内容需要讲解。其教学目标仅是让学生理解指令是如何在控制器的控制下由数据通路中的执行部件执行完成的，因此对于微体系结构方面的细节内容，无须展开讲解。

（6）**层次结构存储系统** 这部分内容与"数字逻辑与计算机组成"等课程中的相关内容重复，若某专业相关课程都开设，则建议这部分内容在本课程中讲解，这是因为本课程的定位和内容设置使学生更适合理解这部分内容。对于半导体随机访问存储器，应着重讲清楚 DRAM 芯片的基本结构、特点和用途，以及存储芯片的扩展和连接技术；对于缓存 Cache，可通过 C 语言程序举例说明程序的局部性和不同的映射关系；对于虚拟存储器部分，通过将可执行文件中的程序头表、Linux 中的进程描述块 task_struct、进程的存储器映射、进程的虚拟地址空间、页表等关联起来，引入进程存储管理的概念，为操作系统相关内容的学习打下基础。

（7）**异常控制流** 异常控制流处理机制是一个计算机系统中核心的技术之一，涉及操作系统、指令系统和微体系结构等各层次，应是必不可少且非常重要的教学内容。传统教学体系中，这部分内容仅包含在组成原理和操作系统等课程中且把异常和中断放在与 I/O 相关的部分介绍，这显然不能很好地体现异常和中断机制在计算机系统中的地位，也不能使学生很好地理解内部异常和外部中断之间的差别，甚至会使学生误认为异常和中断主要与 I/O 相关，教学中应增加进程的存储器映射、共享对象和私有的写时拷贝对象等基本概念，以及程序加载处理过程、故障的信号处理和非本地跳转等内容。对于 IA-32/Linux 系统中异常和中断相关内容，只要有基本了解并理解其背后的道理即可，不需要对相关细节内容死记硬背。

（8）**I/O 操作的实现** 这部分内容与"数字逻辑与计算机组成"等课程中的部分内容重复。若先开设本课程，则可全部讲解；若在相关课程后开设本课程，则不再需要讲解 I/O 设备、系统互连、I/O 接口和 I/O 方式等内容。此外，增加文件流缓冲区 FILE 及其读写操作等内容。

3.2.3　知识结构

本课程由可执行目标文件的生成和可执行目标文件的运行两部分组成。其中，可执行目标文件的生成包含计算机系统概述、数据的机器级表示与基本运算、程序的转换与机器级表示、程序的链接共 4 个知识单元；可执行目标文件的运行包含程序的执行、层次结构存储系统、异常控制流、I/O 操作的实现共 4 个知识单元。

（一）可执行目标文件的生成

知识单元	知识点描述
1. 计算机系统概述 最少学时：2 学时	知识点： • 计算机基本工作原理

（续）

知识单元	知识点描述
1. 计算机系统概述 最少学时：2 学时	• 程序的开发和运行 • 计算机系统层次结构 • 计算机性能评价 学习目标： • 概要了解整个计算机系统全貌 • 了解程序开发和执行大致过程 • 理解计算机系统的层次化结构 • 掌握如何评价计算机系统的性能
2. 数据的机器级表示与处理 最少学时：6 学时	知识点： • 数制与定点数的编码 • 整数的表示 • 浮点数的表示 • 非数值数据的表示 • 数据的宽度与存储 • 数据的基本运算 学习目标： • 掌握计算机内部各种数据的机器级表示 • 理解各类数据在计算机中不同运算的运算方法 • 熟练运用相关知识进行编程和程序调试
3. 程序的转换及机器级表示 最少学时：12 学时	知识点： • 程序转换过程 • IA-32 指令系统 • C 语言程序的机器级表示 • 复杂数据类型的分配和访问 • 越界访问和缓冲区溢出 • 兼容 IA-32 的 64 位系统 学习目标： • 掌握高级语言程序与机器级代码之间的关系 • 掌握机器级代码与指令集体系结构（ISA）的关系 • 深刻理解高级语言程序的转换开发过程 • 了解浮点处理架构 x87 和 SSE 架构的概要内容 • 了解兼容 IA-32 的 64 位系统架构
4. 程序的链接 最少学时：6 学时	知识点： • 目标文件格式 • 符号解析和重定位 • 动态链接 学习目标： • 了解静态链接的概念 • 了解两种 ELF 目标文件格式 • 理解符号、符号表和符号解析之间的关系 • 了解重定位信息及重定位过程

（续）

知识单元	知识点描述
4. 程序的链接 最少学时：6 学时	• 理解可执行文件的存储器映像 • 了解可执行文件的加载过程 • 了解共享库的动态链接方式 • 形成良好程序设计习惯，增强程序调试能力 • 理解进程的虚拟地址空间概念

（二）可执行目标文件的运行

知识单元	知识点描述
1. 程序的执行 最少学时：4 学时	知识点： • 程序和指令的执行过程 • 数据通路的基本结构和工作原理 • 流水线方式下指令的执行
	学习目标： • 了解 CPU 的主要功能和内部结构 • 了解指令的执行过程 • 了解数据通路的基本组成 • 理解指令执行过程中数据通路中信息的流动过程 • 了解指令流水线的基本概念
2. 层次结构存储系统 最少学时：12 学时	知识点： • 存储器的层次结构 • 主存与 CPU 的互连以及主存读写操作 • 硬盘存储器 • 高速缓存（cache） • 虚拟存储器 • IA-32+Linux 平台中的地址转换
	学习目标： • 掌握存储器分层体系结构中的几类存储器的工作原理和组织形式 • 理解程序访问局部性的意义 • 能够运用时间局部性和空间局部性编写高效程序 • 了解指令执行过程中访问指令和访问数据的整个过程 • 了解存储访问过程中硬件和软件的分工和联系 • 深刻理解提高各种访问命中率的意义 • 了解 cache 工作原理，并理解引入 cache 能提升性能的原因 • 掌握 cache 和主存间的映射方式、cache 替换策略和写策略 • 了解虚拟存储管理的必要性和实现思路 • 理解虚拟地址空间和虚拟存储器的基本概念 • 理解分页、分段和相应的虚实地址转换过程
3. 异常控制流 最少学时：6 学时	知识点： • 进程和进程的上下文切换 • 异常的响应和处理 • 中断的响应和处理

（续）

知识单元	知识点描述
3. 异常控制流 最少学时：6 学时	• IA-32 中的异常和中断 • Linux 对异常和中断的处理 • IA-32+Linux 平台中的系统调用
	学习目标： • 理解程序与进程的基本概念以及它们之间的区别 • 理解处理器的物理控制流和进程的逻辑控制流之间的关系 • 理解什么是进程的上下文以及进程的上下文切换 • 了解程序的加载和运行过程以及 main 函数对应的栈帧结构 • 了解异常和中断所引起的异常控制流发生和处理的整个过程 • 理解可屏蔽中断和不可屏蔽中断的概念 • 理解异常和中断的响应条件和响应过程 • 理解 IA-32 中的中断向量表和中断描述符表的概念 • 了解 IA-32 中异常和中断的处理过程 • 了解 Linux 对异常和中断的处理过程 • 了解 IA-32/Linux 平台的系统调用过程
4. I/O 操作的实现 最少学时：6 学时	知识点： • 用户空间中的 I/O 函数 • 系统级 I/O 函数 • C 标准 I/O 库函数 • I/O 接口和 I/O 端口 • I/O 控制方式 • 设备驱动程序 • 中断服务程序
	学习目标： • 了解 I/O 子系统层次结构 • 了解用户程序、标准 I/O 函数和内核之间的关系 • 理解标准输入（stdin）、标准输出（stdout）和标准错误（stderr）三种标准文件的概念 • 掌握常用系统级 I/O 函数以及标准 I/O 库函数基本功能 • 了解 I/O 接口的功能和基本结构 • 理解 I/O 接口和 I/O 端口的差别 • 了解各种 I/O 传送控制方式的特点和适用场合 • 掌握程序直接控制、中断 I/O、DMA 传送等方式的特点和工作流程 • 掌握如何利用陷阱指令将用户 I/O 请求转换为操作系统的 I/O 处理过程 • 了解内核空间 I/O 软件的基本层次结构 • 掌握设备驱动程序和中断服务程序之间的关系

3.2.4　课程实践

本课程实践平台是 Linux+GCC 环境，对于普通的编程性验证实践，也可以在

Windows 环境下进行。为了使学生理解"程序如何在计算机上运行",课程提供了两类实验。一类是小实验(Lab),主要是 C 语言和汇编语言两个编程语言层面的编程或调试实验,以完成数据位操作、二进制炸弹、缓冲区溢出、逆向工程等方面的实验;第二类是系统级大作业(Project):编程项目(Programming Assignment,PA),实现一个功能完备但简化的 x86 模拟器,让学生探究"程序在计算机上运行"的机理,向学生呈现出一个简单但完整的计算机系统的构建过程,使学生在各个方面都得到充分的训练。

1. C 语言编程实验

背景:本课程涉及 C 语言程序与机器级代码之间的关系,包括 C 程序中的数据、表达式和各类语句的机器级表示。设计一套 C 语言编程实验既可以考查学生对可执行目标文件的生成过程的掌握程度,也可以考查学生对于课程中一些相关内容的掌握程度。

实践目标:加深学生对于课程理论内容的理解,检验学生对数据的位操作、浮点数精度问题、程序性能与 cache 的关系等内容的掌握程度,提高学生的动手能力。

实践内容:安装 C 程序开发环境,包括虚拟器、Linux 及其上的 GCC 开发环境和 GDB 调试工具等,开展数据的位操作运算、浮点数的精度问题、程序性能与 Cache、Linux 异常处理等方面的编程实验。

完成方式:C 语言编程 + 回答问题。

2. 程序调试实验

背景:课程中涉及的许多内容和问题都可以通过编写相应的程序并反汇编成机器级代码来查看,以验证或求解问题的答案。

实践目标:加深学生对于课程理论内容的理解,检验学生对相关内容的掌握程度,提高学生的动手能力。

实践内容:针对数据的存储与运算、程序的机器级表示、二进制程序逆向工程、缓冲区溢出攻击、程序的链接等方面的问题设置相应的程序调试实验。

完成方式:C 语言编程 + 反汇编调试 + 回答问题。

3. x86 模拟器设计实验

背景:本课程的主要思路是通过将计算机系统中各个层次关联起来以提升学生的计算机系统能力,因此,通过让学生用 C 语言编写一个简化的 x86 模拟器,并在模拟器上提供一些内核系统调用和基本的 C 标准库函数,使得在学生自行实现的 x86 模拟器为基础的计算机系统上能够执行一些应用程序(如经典的游戏软件),将能够达到培养学生计算机系统能力的目的。

实践目标：通过让学生用 C 语言编程实现一个简化的 x86 模拟器，使学生进一步深入掌握课程中的各个知识点。通过模拟计算机中数据的运算、指令的译码与执行、存储管理和 I/O 功能的实现，使学生深刻体会计算机指令集体系结构所规定的内容以及基本实现方式，同时培养软件项目的管理、开发和测试技能。

实践内容：在 Linux 系统中实现一个简化的 x86 模拟器，因此，实验主要包含实验环境配置、简易调试器的实现、整数运算指令功能实现、浮点运算指令功能实现、通用寄存器组的模拟、EIP 的模拟、指令循环模拟、指令的解释执行、Cache 的模拟和优化、保护模式和分页机制的模拟、中断和异常响应的模拟、独立编址和统一编址 I/O 模块的模拟、常用外设（键盘、VGA、时钟）的模拟等。

完成方式：C 语言编程 + 测试用例 + 实验报告。

3.2.5　开设建议

课程可通过传统课堂授课、线上线下混合教学、课后习题和课程实验相结合的方式进行教学。通过 QQ 群、慕课平台上的慕课课程、SPOC 课程和慕课堂等手段延伸教学过程，通过 C 语言编程实验、反汇编以及机器级代码调试、编写 x86 模拟器（PA 大作业）等课程实验形式，加深对课程内容的理解。

对于软件工程等不需要深入掌握底层硬件细节的专业，可以完整地将所有内容详细展开讲解并让学生充分进行课程实践。开设该课程后，无须再开设"数字逻辑电路""汇编程序设计""计算机组成原理"和"微机原理与接口技术"课程，同时，本课程内容与高级语言程序、操作系统中的部分概念、编译和链接中的基本内容建立了有机联系，因而这样做不仅能缩减大量课时，还可以通过该课程的讲授为学生系统能力培养打下坚实的基础。因为课程内容较多，建议开设为一学年课程。每学期的总学时数为 54 左右。

对于计算机科学与技术、计算机工程、计算机系统等专业，可以在该课程之前或之后开设"数字逻辑与计算机组成"课程，专门介绍计算机微体系结构的数字系统设计技术；也可以在该课程之前先开设"数字逻辑电路"课程，之后再开设"计算机组成与设计"课程，美国几个顶级大学采用的是前面一种做法。因为存在其他相关课程，建议该课程开设为一学期课程，总学时数为 72 左右。

对于其他与计算机相关的非计算机专业或那些大专类计算机专业，在学时受限的情况下，可以选择一些基本内容进行讲授。建议开设为一学期课程，总学时数在 60 ~ 80。

3.3 数字逻辑与计算机组成

3.3.1 课程概述

随着智能技术的飞速发展，智能时代对计算机硬件的性能要求越来越高，而且智能时代对计算机系统底层相关技术人才的需求也越来越多，要求也越来越高。因此，非常有必要针对智能时代对计算机系统底层技术人才培养的新要求，对数字逻辑和计算机组成相关课程进行改革。

本课程将传统的"数字逻辑电路"和"计算机组成原理"两门课程合并成一门课程。传统课程体系中，"数字逻辑电路"课程作为"计算机组成原理"课程的先导课，两者关系非常密切，而且有比较多的重复知识点，例如，两门课程都包含信息的二进制表示、各类功能部件、存储器模块等内容，将两门课程合并成一门课程，并将有些内容调整到"计算机系统基础"课程中，就可以用更短的学时达到更高的学习目标。

本课程内容涉及计算机系统中底层的数字逻辑电路、微架构以及指令集体系结构等偏硬件的核心内容。指令集体系结构位于软件和硬件之间的接口处，因而，本课程内容与上层系统软件也有一定的关系，属于整个计算机系统中最基础的部分。

3.3.2 内容优化

"数字逻辑与计算机组成"属于本方案中规划的一门新课程，由传统的"数字逻辑电路"和"计算机组成原理"两门课程合并而成，与"计算机系统基础""计算机系统结构"等课程密切相关，因而相较于传统课程体系中的"数字逻辑电路"和"计算机组成原理"两门课程，需要进行较大的内容重组和调整优化。

具体的教学内容调整如下：

（1）二进制编码 本课程内容位于计算机系统中数字逻辑电路到指令集体系结构（ISA）之间的 4 个抽象层，从下到上依次是数字逻辑电路层、功能部件 /RTL 层、微体系结构层、指令集体系结构层，教学过程基本按照自底向上的方式进行，教学内容按数字逻辑电路层、功能部件 /RTL 层、指令集体系结构层、微体系结构层的顺序进行。因此，在课程教学的最开始，应该强化计算机系统抽象层及其与课程内容关系的说明，这样可以起到导学的作用，有利于学生理解课程各知识单元之间的关联；对于各类数据的二进制编码方面的内容，在"计算机系统基础"等课程中也有介绍，若本课程先于其他相关课程开设，则这部分内容应详细介绍；若在其他相关课程后开设本课程，则只要简要回顾一下相关内容即可。

（2）**数字逻辑基础**　这部分属于数字逻辑电路的基础内容，对学生认识和理解数字逻辑电路以及计算机系统硬件设计具有非常重要的作用，因此，对于这部分内容的讲解必不可少；这部分内容概念较多，概念之间容易混淆，教学过程中应引导学生正确理解基本概念而不是死记硬背。

（3）**组合逻辑电路**　组合逻辑电路属于后续 CPU 设计内容中提到的操作元件设计的基础，在后续的计算机组成部分，需要用到译码器、编码器、多路选择器和加法器等常用组合逻辑电路，此外，CPU 设计中需要确定时钟周期的宽度，因而要用到传输延迟的计算方法，在 CPU 设计中还需要解决信号的竞争冒险问题，因此，上述这些内容应重点讲解。

（4）**时序逻辑电路**　时序逻辑电路属于后续 CPU 设计内容中提到的存储元件设计的基础，在后续的计算机组成部分，需要用到寄存器、寄存器堆、移位寄存器等时序逻辑电路，此外，在后续的计算机组成部分需要用到有限状态机设计，如多周期 CPU 的控制器，因此上述内容应重点讲解。

（5）**硬件描述语言**　重点介绍 FPGA 设计和硬件描述语言的背景知识及其使用。由于后续的 CPU 控制器设计中需要用到 PLA，存储器阵列部分的内容与后续的 SRAM 芯片和 DRAM 芯片的内容相关，因此 PLA 和 RAM 等内容应该包含在这部分内容中。对于 Verilog 语言部分，可通过具体例子进行介绍，并通过实验使学生掌握相关内容。

（6）**运算方法和运算部件**　串行进位加法器、带标志加法器、算术逻辑部件、补码加减运算器等是优先需要讲解的内容；并行进位加法器、原码乘法运算、补码乘法运算、原码除法运算、补码除法运算等内容在时间允许的情况下可以讲解；其他部分内容可以不讲，让学生自学。在讲解串行进位加法器、并行进位加法器、带标志加法器和算术逻辑单元（ALU）等基本运算部件时，可以给出对应的 Verilog 代码。

（7）**指令系统**　关于指令集体系结构（ISA）的概念，可以在最开始介绍指令系统概述时引入，并在最后介绍具体的指令系统实例时再对照实例进行讲解说明；对于指令系统设计涉及的主要内容，可以不针对具体的指令系统实例进行讲解，而是讲解其通用的基本内容；可选择有代表性的指令系统，如 MIPS、RISC-V、ARM、x86 等进行 CISC 和 RISC 的对比讲解，因为在"计算机系统基础"课程中会详细介绍典型的 CISC 指令系统 IA-32/x64，若开设"计算机系统基础"课程，则不必详细讲解 x86 指令系统，而只需列出其典型特征；详细讲解的指令系统实例应选择后续 CPU 设计的目标指令系统，通常应选择 RISC 风格指令系统，如 MIPS、RISC-V 等。

（8）**中央处理器**　单周期 CPU 设计和流水线 CPU 设计应是重点内容，在单周期数据通路中加相应的流水段寄存器可以简单实现流水线数据通路，因而这两方面的内容关联较大，放在同一门课程中一起讲解较好；关于多周期 CPU 设计，重点内容是控制器如何控制每条指令执行过程中的状态转换，即有限状态机控制器设计，此外，对于带异常处理 CPU 设计方面的内容，如果通过对多周期 CPU 的有限状态机的分析来进行讲解，则能使学生比较容易理解，因此在时间允许的情况下，多周期 CPU 设计的内容可以展开来详细介绍，在时间有限的情况下，可以以一个极简指令系统为实现目标，将这部分内容中的基本概念和基本原理讲清楚；对于流水线冒险和高级流水线技术部分，在时间允许的情况下，可以介绍相关的基本概念和相应处理的基本思路，具体处理方法和实现电路放到后续的"计算机体系结构"课程中，也可以选择完全不讲解，全部放到后续相关课程中介绍。

（9）存储器层次结构、系统互连与输入 / 输出　这两部分内容与"计算机系统基础"课程中相关内容重复，建议这部分内容在"计算机系统基础"课程中讲解，这是因为"计算机系统基础"课程的定位和内容设置使学生更容易理解这部分内容，若不开设"计算机系统基础"课程，则这部分内容可在本课程中讲解。

3.3.3　知识结构

本课程由数字逻辑电路和计算机组成两部分组成。其中，数字逻辑电路部分包含二进制编码、数字逻辑基础、组合逻辑电路、时序逻辑电路、FPGA 设计和硬件描述语言、运算方法和运算部件共 6 个知识单元；计算机组成包含指令系统、中央处理器、存储器层次结构、系统互连与输入输出共 4 个知识单元。(标 * 为可选内容。)

（一）数字逻辑电路

知识单元	知识点描述
1. 二进制编码 最少学时：6 学时	知识点： ● 冯·诺依曼结构计算机基本组成 ● 冯·诺依曼结构计算机的工作方式 ● 程序的表示与执行 ● 计算机系统抽象层 ● 二进制数的表示 ● 二进制数与其他计数制数之间的转换 ● 定点数的编码 ● 整数的表示 ● 浮点数的表示 ● 十进制数的二进制表示 ● 非数值数据的表示 ● 数据的宽度与存放顺序
	学习目标： ● 概要了解计算机基本结构 ● 了解程序和指令之间的关系

（续）

知识单元	知识点描述
1. 二进制编码 最少学时：6 学时	• 理解计算机系统的层次化结构，理解计算机中为何采用二进制编码 • 掌握各种计数制数之间的转换方法 • 掌握整数的机器数表示方法 • 掌握浮点数的机器数表示方法 • 了解常用字符的 ASCII 码表示 • 理解位、字节、字长等长度单位的含义 • 理解数据的存放顺序
2. 数字逻辑基础 最少学时：4 学时	知识点： • 逻辑门和数字抽象 • CMOS 晶体管及其电气特性 • 布尔代数的公理系统和定理 • 逻辑关系的描述 • 逻辑函数的化简和变换 学习目标： • 了解数字电路底层由模拟电路实现 • 了解工程实现时需考虑数字系统的电气特性 • 掌握布尔代数的公理系统和基本定理 • 了解数字系统中输入和输出之间逻辑关系的不同表示方式 • 掌握逻辑表达式的基本化简方法
3. 组合逻辑电路 最少学时：4 学时	知识点： • 组合逻辑电路概述 • 典型组合逻辑部件设计 • 组合逻辑电路时序分析 学习目标： • 了解组合逻辑电路的构成规则 • 理解逻辑表达式和逻辑电路图之间的对应关系 • 了解组合逻辑电路设计过程 • 掌握译码器和编码器、多路选择器和多路分配器、半加器和全加器等常用组合逻辑模块的结构 • 了解如何计算电路延迟时间 • 理解电路中的竞争冒险问题
4. 时序逻辑电路 最少学时：4 学时	知识点： • 时序逻辑与有限状态机 • 锁存器和触发器 • 同步时序逻辑设计 • 典型时序逻辑部件设计 学习目标： • 理解时序逻辑电路与有限状态机之间的关系 • 理解锁存器和触发器的工作原理 • 掌握同步时序逻辑电路设计方法 • 掌握计数器、寄存器及寄存器堆、移位寄存器等典型时序逻辑部件的结构

（续）

知识单元	知识点描述
5. FPGA 设计和硬件描述语言 最少学时：4 学时	知识点： • PLD 器件 • 存储器阵列 • FPGA 和 ASIC • 基于 HDL 的数字电路设计流程 • Verilog 语言介绍 • Verilog 的建模方式 • Verilog 代码实例
	学习目标： • 了解简单 PLD、CPLD 和 FPGA 等各种可编程器件的基本原理 • 了解存储器阵列的基本结构及其基本存储元件的工作原理 • 了解基于 HDL 的数字系统设计基本流程 • 了解 Verilog 语言的基本特点和所包含的基本概念、建模方式、行为建模中的过程语句
6. 运算方法和运算部件 最少学时：6 学时	知识点： • 串行进位加法器 • 先行进位加法器 • 带标志加法器 • 算术逻辑部件 • 补码加减运算 • 原码加减运算（*） • 移码加减运算（*） • 原码乘法运算 • 补码乘法运算 • 快速乘法器（*） • 原码除法运算 • 补码除法运算 • 浮点数加减运算（*） • 浮点数乘除运算（*）
	学习目标： • 理解各类加法器、补码加/减运算器、算术逻辑部件等基本功能部件的结构 • 了解定点数乘法和除法运算的基本实现方法，以及各种乘法器和除法器的电路基本结构 • 了解浮点数加减运算的基本原理 • 了解浮点数乘除运算的基本原理

（二）计算机组成

知识单元	知识点描述
1. 指令系统 最少学时：6 学时	知识点： • ISA 规定的内容

（续）

知识单元	知识点描述
1. 指令系统 最少学时：6 学时	• 指令格式及指令包含信息 • 操作数和寻址方式 • 操作类型和操作码编码 • 标志信息的生成与使用 • CISC 和 RISC • 异常和中断机制 • 指令系统实例：RISC-V 学习目标： • 理解什么是指令集体系结构（ISA） • 了解 ISA 中应规定哪些方面的内容 • 了解指令格式以及指令中应包含哪些信息 • 理解各种寻址方式下的数据或指令的寻址过程 • 理解定长指令字和变长指令字之间的差别 • 了解标志信息可通过哪些指令生成，以及条件转移指令和标志信息之间的关系 • 了解 CISC 和 RISC 之间的区别 • 理解异常和中断的基本概念，以及异常和中断机制为什么属于 ISA 规定的内容 • 了解 RISC-V 指令集架构的基本设计思想、基础整数指令集中的常用指令，以及可选扩展指令集
2. 中央处理器 最少学时：16 学时	知识点： • CPU 的基本功能和基本组成 • 数据通路与时序控制 • 单总线数据通路 • 计算机性能与 CPU 时间 • 单周期数据通路设计 • 时钟周期的确定 • 多周期数据通路设计 • 硬连线路控制器设计 • 微程序控制器设计 • 带异常处理的 CPU 设计 • 流水线 CPU 设计 • 流水线冒险及其处理（*） • 高级流水线技术（*） 学习目标： • 了解 CPU 的基本结构 • 掌握单周期 CPU 设计方法 • 了解多周期 CPU 设计方法 • 理解硬连线控制器和微程序控制器之间的区别 • 了解在 CPU 中如何实现异常 / 中断检测与响应机制 • 掌握流水线 CPU 设计方法 • 了解各种流水线冒险的基本概念及其处理方法 • 了解超流水线、静态多发射流水线、超标量处理器、动态多发射流水线、乱序执行等高级流水线技术的基本概念

（续）

知识单元	知识点描述
3. 存储器层次结构 最少学时：2 学时	知识点： • 存储器基本元件 • 存储器的层次结构 • 主存储器的组成和基本操作 • SRAM 芯片、DRAM 芯片及内存条 • 程序访问的局部性（*） • 高速缓存（cache）的工作原理（*） • cache 行和主存块之间的映射（*） • cache 替换算法和写策略（*） • 虚拟存储器的基本概念（*） • 进程的虚拟地址空间（*） • 虚拟存储器的实现（*） • 存储保护（*）
	学习目标： • 了解半导体存储器、磁盘存储器和光盘存储器等各类存储器的基本原理，以及哪些属于非易失性存储器 • 理解存储器层次结构的工作原理 • 了解主存储器的组织结构和读写操作过程 • 了解 SRAM 芯片和 DRAM 芯片的基本结构和工作原理，以及如何由 DRAM 芯片构成内存条 • 了解 cache 工作原理，并理解程序访问局部性能提升访存性能的原因 • 掌握 cache 和主存间的映射方式、cache 替换策略和写策略 • 理解虚拟地址空间和虚拟存储器的基本概念 • 理解分页、分段和相应的虚实地址转换过程 • 了解存储保护的基本概念

4. 系统互连与输入输出
最少学时：2 学时
	知识点：
	• 外设的分类
	• 常用外设简介
	• 外设与主机之间的总线互连
	• I/O 接口及 I/O 设备的寻址（*）
	• I/O 控制方式（*）
	  ■ 程序直接控制 I/O 方式
	  ■ 中断控制 I/O 方式
	  ■ DMA 控制 I/O 方式
	• I/O 子系统中的 I/O 软件（*）

	学习目标： • 了解常用外设的基本工作原理 • 了解外设和主机之间的总线互连结构，以及常用总线标准 • 了解 I/O 接口在计算机中的位置和功能 • 理解 I/O 地址空间的概念以及编址方式 • 理解如何采用程序直接控制方式进行 I/O 操作

（续）

知识单元	知识点描述
4. 系统互连与输入输出 最少学时：2 学时	• 理解如何采用中断控制方式进行 I/O 操作，包括对可编程中断控制器的结构和职能，以及向量中断方式、中断响应优先级、中断处理优先级、中断服务程序等概念的理解 • 掌握如何采用 DMA 控制方式进行 I/O 操作，包括对 DMA 控制器的结构和职能，以及 DMA 初始化、DMA 传送和 DMA 结束处理等过程的理解和掌握 • 理解 I/O 软件和 I/O 硬件如何协调完成 I/O 请求

3.3.4　课程实践

本课程可以采用以下几种实践平台：

1）数字电路仿真软件 Logisim。Logisim 采用将数字电路模块分步构建原理图的方式进行系统设计，适用于设计和仿真数字逻辑电路。在 Logisim 主界面上通过拖拽鼠标就可构建电路原理图，通过颜色即可区分线路状态，方便调试；系统逻辑组件丰富，相当于一个资源无限的虚拟试验箱；支持子电路封装功能，易于构建复杂的数字电路系统，方便进行灵活多变的设计型实践。由于这种方式与本课程中所介绍的数字电路设计方法一致，因此有利于培养学生硬件设计思维。利用 Logisim 平台可以帮助学生从逻辑门开始，逐步设计并构建流水线 CPU。

2）采用相应的 EDA 工具软件和 FPGA 板卡，运用硬件描述语言进行实践。

3）购买专门的硬件实验箱以及配套的实验软件和手册，例如，龙芯体系结构与 CPU 设计教学实验平台由定制开发的 FPGA 主板和配套软件、代码及教材组成。其中 FPGA 开发板采用 Xilinx 系列大容量 FPGA，FPGA 可直接提供内存控制器、外接 DDR3 标准内存，并连接串口、LCD 显示屏，以太网接口等，以满足不同的接口实验与驱动编程等教学需要。为了便于满足不同层次的教学需求和一些硬件基础实验课程需要，FPGA 主板上还提供了丰富的简单化的输入输出控制接口，如数码管、指示灯、拨码开关等。

4）EDA 图形化编程工具 Digiblock。它是一款跨平台开源的 EDA 图形化编程软件，采用图形对象构建出数字电路原理图，从而搭建 CPU 及计算机系统。其中每个图形对象都对应一组 Verilog HDL 代码，使得构建的电路原理图不仅可以仿真，还可以转换成 Verilog HDL 程序下载到 FPGA 运行，提供了从低（具体）到高（抽象）可扩展的电路建模，允许在开关级、门级、寄存器传送级（RTL）到 IP 核级的所有层次上进行硬件描述。Digiblock 主要支持的 CPU 架构是 RISC-V 架构，其上集成了一个开源项目"RISC-V Assembly&Run-time Simulator"（RARS）。

实践内容分为以下两类。

1. 功能部件设计实践

背景：功能部件是计算机的基本构成单元，因此，功能部件设计实践是本课程实践活动的基础实践部分，反映了学生对"数字逻辑电路"部分教学内容的掌握程度。

实践目标：加深学生对于组合逻辑电路和时序逻辑电路设计方法的理解，检验学生对各种功能部件设计的掌握程度，提高学生的实际动手能力，并使学生能够熟练使用 EDA 工具链和硬件描述语言进行硬件设计。

实践内容：选择一种硬件仿真系统和 FPGA 开发平台，使用画图和硬件描述语言进行常用功能部件的设计，包括多路选择器、译码器、编码器、加法器、补码加 / 减运算器、计数器、移位寄存器、乘法器、除法器等功能部件设计。

完成方式：实践文档 + 代码编写。

2. 处理器设计实践

背景：处理器设计实践以一个具体的指令集体系结构的实现为目标，最终要求能够在所设计的处理器上运行相应的目标程序。

实践目标：加深学生对指令集体系结构与处理器微体系结构之间关系的认识，了解处理器设计的基本思路，掌握其设计的工程化方法。

实践内容：针对特定的指令集体系结构（如 RISC-V、MIPS），选择一种 FPGA 开发平台，使用硬件描述语言进行一系列相关功能部件和处理器设计，包括通用寄存器组、算术逻辑部件、单周期数据通路及其控制器、流水线数据通路、带冒险检测和数据转发的流水线数据通路的设计等。

完成方式：方案文档 + 代码编写 + 程序验证。

3.3.5　开设建议

课程可通过传统课堂授课、线上线下混合教学、课后习题和课程实践相结合的方式进行教学。通过线上教学资源和教学手段延伸教学过程，通过硬件仿真系统和 FPGA 开发平台等课程实践手段和形式，以加深对课程内容的理解。课程实践将统一规划和设计数字逻辑电路和计算机组成两方面的实践内容，将原来两门课的实践内容合并为一门课的实践，从而达到用较少课时达成更高的学习目标。

本课程适用于微电子、计算机工程、计算机科学与技术、物联网、信息安全、人工智能等方向的本科生。本课程属于计算机系统能力培养课程中最基础的课程，课程内容及其培养目标所要求达到的能力适合于不同类型高校的所有计算机专业学生，因此课程的理论教学内容没有针对性的定制方案。对于部分与计算机系统、并行计算等有紧密联系的其他学科专业本科生同样适用。对于软件工程等专业，建议开设"计算机系统基础"课程，可以不开设本课程。

3.4 操作系统

3.4.1 课程概述

操作系统是计算机专业重要的专业核心课之一。作为现代计算机系统的核心，操作系统既是构建信息产业生态的核心，也是信息时代国家安全的基石。随着智能设备的多样化，5G 带来的大连接、低时延、高吞吐，以及异构硬件设备的繁荣发展，操作系统的内涵和外延也发生了重大变化，这些都对操作系统的教学提出了新的要求和挑战。如何结合操作系统经典理论方法、国际研究前沿以及最新工业界实践，在操作系统教学中反映出新的趋势、需求和技术，是当前操作系统教学研究和教学内容改革的主要任务。

通过本课程的学习，学生应能理解现代操作系统的设计原理和重要概念，掌握对操作系统关键技术的构建能力。操作系统课程涉及内存管理、虚拟内存、处理器资源调度与管理、线程同步、文件系统管理与虚拟机等主要操作系统功能模块的设计与实现方法。该课程将帮助学生建立起操作系统领域的核心概念和掌握处理问题的基本手段。

本课程还致力于培养学生在操作系统领域较强的动手能力。计算机科学与技术是实践性很强的学科，在系统软件方面强调理论与实践的结合，对于计算机系统类人才的动手能力要求更强。该课程在实践环节上要非常重视学生在操作系统方面设计与实现能力的培养，例如，通过实现一个在 ARM 开发板可以直接运行的基本操作系统原型，帮助学生在掌握原理的同时适应底层系统编程环境的特点，熟练掌握底层环境下软件开发时的开发、调试与测试等方法。

3.4.2 内容优化

在保持现有操作系统教学大框架的前提下，改革操作系统教学思路，将传统的"PC 平台 +x86 体系结构 + 宏内核架构"的单一模式，逐步调整为"多种平台 + 多种体系结构 + 多种内核架构"的思路，移除网络协议栈，弱化虚拟内存，新增微内核、外核等多种内核架构、虚拟化与操作系统调试，从而一方面与前序课程更好地衔接，另一方面与工业界和学术前沿更紧密地结合，使教学能够更好地服务实践的需要。

具体对操作系统课程的教学内容做以下的调整：

1）淡化和适度减少 x86 的教学内容，增加 ARM64 的比重，在操作系统启动、系统调用、内存管理、设备管理、中断控制等多个模块中，以 ARM64 的指令与操作方式来举例，并部分辅之以与 x86 的对比，从而更好地将操作系统的内容与体系结构解耦，也能让教学内容与新的平台衔接。

2）增加微内核架构的比重，除了在操作系统架构部分介绍微内核的历史发展与关键技术点外，还在进程间通信、文件系统、网络管理等模块中增加与微内核相关的内容；此外还与外核架构、多内核架构等进行横向对比。

3）移除网络协议栈的内容，将网络模块与 I/O 设备管理部分合并，强调操作系统对网络设备的管理和控制。

4）增加更多来自工业界实践与学术前沿的内容，从实际的问题切入，将操作系统理论与具体实践与研究前沿相结合，从纵向和横向两个维度进行拓展。

5）通过配合教学内容的操作系统实验，提升学生的编程能力与底层代码调试能力，让学生在编程过程中获得第一手的经验，加深对操作系统原理与实现方法的理解。

3.4.3　知识结构

（标 * 为可选内容。）

知识单元	知识点描述
1. 操作系统概论 最少学时：2 学时	知识点： ● 操作系统定义 ● 操作系统的功能 ● 操作系统面临的挑战 ● 操作系统的演进
	学习目标： ● 了解操作系统的经典定义与演进过程 ● 了解操作系统的核心功能 ● 了解操作系统当前面临的新的挑战 ● 了解学习操作系统的意义
2. 硬件基础 最少学时：4 学时	知识点： ● ARM64 体系结构简介 ● 操作系统启动时硬件初始化过程 ● 中断与异常的概念 ● 操作系统的中断处理流程 ● 系统调用流程
	学习目标： ● 了解 ARM64 体系结构与 ISA

（续）

知识单元	知识点描述
2. 硬件基础 最少学时：4 学时	• 有能力对 ARM64 ISA 与 x86 ISA 进行对比 • 能完整描述并解释操作系统启动过程中对硬件的初始化 • 掌握中断与异常的概念并对比两者的异同 • 能完整描述操作系统的中断处理流程 • 能完整描述系统调用的流程
3. 操作系统架构 最少学时：2 学时	知识点： • 操作系统架构概述 • 宏内核架构 • 微内核架构 • 外核架构与库 OS • 多内核架构
	学习目标： • 了解操作系统架构的基本概念与意义 • 掌握宏内核、微内核、外核与库 OS 的架构 • 有能力对上述架构进行横向对比并描述对应的适用场景
4. 内存管理 最少学时：4 学时	知识点： • 虚拟地址与物理地址概念 • 基于 MMU 的虚拟内存机制 • TLB 管理 • 换页机制与页替换策略 • 缺页异常处理 • 伙伴系统与 SLAB/SLUB/SLOB • 写时拷贝 • 大页机制
	学习目标： • 掌握虚拟地址与物理地址的概念 • 有能力描述虚拟内存机制的原理和优缺点 • 了解 TLB 的原理并掌握 TLB 的软硬件管理方法 • 了解换页机制与常见的页替换策略 • 有能力完整描述缺页异常的处理流程 • 掌握伙伴系统对物理内存的管理机制 • 了解写时拷贝机制，并有能力描述写时拷贝的运行时流程 • 掌握大页机制的原理并有能力描述应用场景
5. 进程与线程 最少学时：2 学时	知识点： • 进程的基本概念 • 进程的操作接口 • 线程的基本概念 • 线程本地存储 • 线程的上下文切换 • 纤程的概念 • 纤程的使用场景

（续）

知识单元	知识点描述
5. 进程与线程 最少学时：2 学时	学习目标： • 掌握进程和线程的基本概念 • 有能力描述进程的创建、销毁等操作流程 • 掌握线程本地存储的原理与应用方法 • 有能力完整描述线程上下文切换的流程 • 有能力对进程与线程的异同做对比 • 掌握纤程的原理，并能将纤程与线程做对比
6. 操作系统调度 最少学时：2 学时	知识点： • 处理器调度的基本概念 • FCFS 调度 • SJF 调度 • 抢占式调度 • Round-Robin 调度 • 优先级调度与优先级反转问题 • CFS 调度 • Lottery 调度 • Stride 调度 • 实时调度（*） 学习目标： • 了解操作系统调度的挑战、目标和评价方法 • 掌握常见的调度算法 • 有能力对常见调度算法的特点进行对比，并描述其适用的应用场景 • 了解优先级反转问题及其解决方法
7. 进程间通信 最少学时：2 学时	知识点： • 进程间通信的基本概念 • 基于共享内存的进程间通信 • 基于消息传递的进程间通信 • UNIX 管道机制与消息队列机制 • 轻量级远程方法调用机制（LRPC） • 微内核中的 IPC 实现方法 学习目标： • 掌握进程间通信的背景和基本概念 • 掌握基于共享内存和消息传递的进程间通信 • 有能力对共享内存与消息传递两种 IPC 机制进行横向对比 • 掌握 UNIX 管道和消息队列机制的原理和应用 • 掌握轻量级远程方法调用机制的原理和应用 • 有能力对微内核与宏内核的 IPC 进行对比
8. 同步原语与多核 最少学时：4 学时	知识点： • 临界区问题 • 互斥锁与读写锁 • RCU

（续）

知识单元	知识点描述
8. 同步原语与多核 最少学时：4 学时	• 死锁问题 • 优先级反转 • 锁的性能可扩展性 • 锁与缓存一致性 • MCS 锁
	学习目标： • 了解临界区问题 • 掌握互斥锁的软件实现与硬件实现 • 掌握读写锁的原理和应用 • 掌握 RCU 的原理和应用 • 了解死锁问题与解决方法 • 了解锁导致的优先级反转问题与解决方法 • 了解锁的性能可扩展性问题 • 了解缓存一致性对锁的影响 • 掌握 MCS 锁的原理和应用
9. 文件系统 最少学时：6 学时	知识点： • 基于 inode 的文件系统 • 文件系统 API • 基于表结构的文件系统（FAT） • 虚拟文件系统（VFS） • 文件系统崩溃一致性 • 文件系统日志机制 • 文件系统的写时复制 • 日志文件系统（LFS） • 面向闪存的文件系统 • 面向瓦式磁盘的文件系统 • 面向非易失性内存的文件系统 • 访问控制机制
	学习目标： • 掌握基于 inode 的文件系统 • 了解文件系统 API 的使用方法与内部实现 • 掌握基于表结构的文件系统 FAT • 有能力对 inode 与非 inode 文件系统进行对比 • 掌握虚拟文件系统的设计原理 • 掌握保证文件系统崩溃一致性的方法 • 掌握文件系统的日志机制原理 • 有能力描述基于日志的文件系统崩溃恢复的流程 • 掌握日志文件系统的原理 • 了解面向闪存的文件系统 • 了解面向瓦式磁盘的文件系统 • 了解面向非易失性内存的文件系统 • 了解访问控制机制的原理

（续）

知识单元	知识点描述
10. 设备管理 最少学时：4学时	知识点： • 操作系统与设备的交互方式 • 中断管理 • 设备驱动 • 驱动模型 • 设备树 • 上下部驱动 • 网络包收发流程 • Linux 网络包管理机制 • 微内核的网络子系统
	学习目标： • 掌握操作系统与设备的交互方式 • 掌握操作系统对中断的管理方式 • 掌握设备驱动的原理与设备驱动模型 • 掌握设备树机制 • 掌握 Linux 中的上下部驱动原理 • 有能力完整描述内核中的网络包收发流程 • 掌握 Linux 的网络包管理机制 • 掌握微内核的网络子系统 • 有能力对宏内核与微内核的网络子系统进行对比
11. 系统虚拟化 最少学时：6学时	知识点： • 系统虚拟化的基本概念 • Trap-and-emulate • CPU 的硬件虚拟化扩展 • Qemu 与 KVM 架构 • 内存虚拟化方法 • I/O 虚拟化方法 • 中断虚拟化 • 轻量级虚拟化的基本概念 • Linux 容器 • 轻量级虚拟化的应用
	学习目标： • 了解系统虚拟化的基本概念 • 有能力完整描述 Trap-and-emulate 的流程 • 掌握 CPU 的硬件虚拟化扩展的原理 • 掌握 Qemu 与 KVM 的架构 • 有能力对不同的内存虚拟化方法进行对比 • 有能力对常见的 I/O 虚拟化方法进行对比 • 掌握常见的中断虚拟化方法 • 掌握轻量级虚拟化的基本概念 • 掌握 Linux 容器的原理 • 掌握轻量级虚拟化的应用 • 有能力对系统虚拟化与轻量级虚拟化进行对比

（续）

知识单元	知识点描述
12. 操作系统调试 最少学时：2 学时	知识点： ● 操作系统调试器的基本原理 ● 操作系统对调试器的支持 ● 性能调试的方法 ● 测试的基本原理与方法 ● Linux 安全漏洞修复的流程
	学习目标： ● 掌握操作系统调试器的基本原理 ● 了解操作系统对调试器的支持 ● 掌握性能调试的方法 ● 掌握测试的基本原理与方法 ● 了解 Linux 安全漏洞修复的流程

3.4.4　课程实践

课程实践应包括 5 个操作系统实践，以培养学生的操作系统开发与调试能力。

（1）机器启动　本实践分为三个部分。第一部分介绍汇编语言、QEMU 仿真器和上电引导程序。第二部分需要熟悉并完善内核的引导加载程序。第三部分深入研究内核的初始化过程。

（2）内存管理　内存管理有两个组件。第一个组件是内核的物理内存分配器，以便内核可以分配内存并在以后释放。第二个组件是"虚拟内存"，将内核和用户软件使用的虚拟地址映射到物理内存中的地址。实践需要实现这两个组件。

（3）用户进程与异常处理　本实践要求为正确执行用户模式进程添加一系列内核功能，包括：a）使用特定的数据结构，对用户进程的创建和执行进行跟踪和管理，并实现将用户程序镜像加载到用户进程并执行的功能；b）对异常处理的支持，使得内核能够正确处理用户应用程序所触发的异常、中断和系统调用；c）实现一系列关键异常或系统调用，保证用户程序的正常执行与退出。

（4）多核处理　使内核在多核处理器上支持抢占式多任务处理，分为以下四个部分：a）启动多个 CPU 核心并添加全局大锁解决多核并发；b）实现基本的 Round Robin 调度，并支持所有 CPU 核心之间的抢占式线程调度；c）实现 spawn() 用户态函数用以创建一个运行特定程序的新进程；d）添加对进程间通信的支持，允许不同用户态进程的交互。

（5）文件系统与 shell（可选）　本实践要求实现一种基于 inode 的内存文件系统和用户级文件系统服务器，实现对文件的创建、读取、写入和删除。然后，将实现足够的库以在控制台上运行 Shell，支持基本命令。

实践将使用虚拟机进行开发和测试，为学生提供部分测试脚本，最终在服务器运行完整的测试脚本集并打分。

3.4.5 开设建议

1）对于前期没有开设"计算机系统基础"的学校，建议增加对操作系统运行环境的介绍，并适当增加虚拟内存和进程与线程的内容。

2）对于前2个课程实践，建议任课教师适当安排实践内容讲解，帮助同学熟悉实践环境和基本的调试方法。

3.5 编译原理

3.5.1 课程概述

编译原理和技术的知识领域涉及编译器构造的一般原理、基本设计方法和主要实现技术，其内容包括：词法分析、语法分析、语法制导翻译、语义分析、运行时存储空间的组织和管理、中间表示与中间代码生成、目标代码生成、代码优化等。此外，编译原理和技术还强调一些相关的理论知识，如形式语言和自动机理论、属性文法、类型论和类型系统等。智能时代的编译原理课程应关注不同语言和范型的特点及程序分析与实现技术、面向并行体系结构的优化与加速技术、面向人工智能领域应用的程序表示与实现等内容。

通过本课程的学习，学生应掌握编译器构建的理论与方法，能在理解现代程序设计语言特征及其实现的机理基础之上，提升软件以至计算机系统的设计和开发能力；能针对程序设计语言和计算机体系结构构建编译器，或修改现有编译器支持新型程序设计语言和新型计算机体系结构；能构建程序分析工具（可选）；能开展面向体系结构的程序优化（可选）；能设计领域特定语言并实现相应的编译器（可选）。

3.5.2 内容优化

考虑到编译器前端生成工具比较成熟，且已在工业界得到广泛应用，本课程大纲减少了编译器前端涉及的理论、方法与技术的讲授学时，强调自动生成工具的学习和灵活使用；更加关注现代程序设计语言特性在编译阶段的实现方法、面向特定目标平台的代码生成与优化方法，以及领域特定程序设计语言的设计及编译等内容。

本课程大纲具体对编译原理课程的教学内容进行了以下调整：

1）增加了 ANTLR（https://www.antlr.org）所基于的带谓词的 LL(*) 分析 [PLDI 2011,OOPSLA 2014]，它易于理解且容易进行错误处理和错误恢复，且其所引入的谓词等机制能加速 LL 分析的速度。减少了对不同 LR 分析技术的深入介绍，例如直接介绍 LR(1)、LALR(1) 的分析策略及其文法书写和分析的对应关系，或者仅详细介绍移进－归约以及 SLR 分析。重点在于说明 LR 与 LL 的本质区别、各自的优劣。

2）考虑到属性的自上而下计算相比自下而上的计算要容易得多，在语法分析部分新增基于自上而下 LL(*) 分析技术的属性计算，可以减少甚至去掉属性的自下而上计算。

3）闭包已被广泛应用于如 JavaScript、Python 等许多现代程序设计语言中，故增加了对闭包及其实现机制的介绍，从而让学生更好地理解和运用现代程序设计语言。此外，还增加了可选的垃圾收集、即时编译与动态重新编译等内容，这些均是一些主流程序设计语言运行时系统必不可少的构成部分。

4）中间表示在现代编程框架中的种类和作用越来越重要，建议可以介绍现代编译基础设施 LLVM 的中间表示，并结合深度学习框架引入的一些中间表示来说明不同的中间表示的共性和区别，以及这些中间表示的作用和用途。中间代码的生成方法可以从传统基于语法制导的翻译方案调整为基于树访问的方法，后者相对容易理解和实现，也是现代编译系统常用的方法。

3.5.3　知识结构

整个知识结构由基础部分和三类可选部分组成。基础部分由（一）至（七）组成，最少学时数为 32 学时（1.5+4.5+8+4+5+5+4），主要包含编译器构造的基本原理和技术。三类可选部分的最少学时数均为 12 学时，其中：选项 1 偏重于代码优化的理论和方法，由（八）组成；选项 2 偏重于面向不同编程范型的编译技术，由（九）组成；选项 3 偏重于面向并行体系结构的编译优化技术，由（十）组成。（标 * 为可选内容。）

（一）编译概论

知识单元	知识点描述
编译概论 最少学时：1.5 学时	知识点： • 程序设计语言特点 • 编译器的典型结构 • 编译的阶段 • 编译技术应用
	学习目标： • 了解程序设计语言的发展历史与趋势、现代程序设计语言的常见特点 • 了解编译器的典型结构和工作流程

（续）

知识单元	知识点描述
编译概论 最少学时：1.5 学时	• 熟悉编译器各阶段的功能、输入与输出数据 • 了解编译技术在文本分析与处理、代码缺陷分析、深度学习等方面的应用

（二）词法分析

知识单元	知识点描述
词法的表示及词法分析器的构造 最少学时：4.5 学时	知识点： • 单词与属性字、记号 • 词法描述：正则语言 / 正则表达式 • 有限状态自动机 • 一串单词的识别 • 词法分析器的自动生成
	学习目标： • 能够用正则表达式对给定程序设计语言的词法进行形式化描述 • 能够使用词法分析生成工具，设计给定程序设计语言的词法分析器 • 理解正则表达式和有限自动机的基本原理 • 掌握从正则表达式到有限状态自动机的转化方法

（三）语法分析

知识单元	知识点描述
语法的表示及语法分析器的构造 最少学时：8 学时	知识点： • 上下文无关文法 • 自上而下的分析与 LL 文法（ALL(*) 文法） • 自下而上的分析与 LR 文法（简化） • 二义文法分析 • 错误处理 • 语法分析器生成器（如 ANTLR、YACC 等）
	学习目标： • 能够用上下文无关文法对给定程序设计语言的语法进行形式化描述 • 能够使用文法分析生成工具，设计给定程序设计语言的语法分析器 • 理解上下文无关文法和下推自动机的基本原理 • 掌握编写上下文无关文法并由文法自动生成语法分析器的方法 • 能比较 ALL(*) 文法和 LALR 文法的差异，对不同程序设计语言选择合适的文法，生成语法分析器

（四）语义分析

知识单元	知识点描述
语义的定义以及语义分析的设计与实现 最少学时：4 学时	知识点： • 语法制导定义及语法制导的翻译 • 抽象语法树及其自上而下、自下而上构造 • 类型在程序设计语言中的作用

（续）

知识单元	知识点描述
语义的定义以及语义分析的设计与实现 最少学时：4 学时	• 类型系统的形式化定义及举例 • 类型检查的实现方法 • 类型表达式的等价（名字等价、结构等价） • 参数化多态及重载的表示与类型检查（*）
	学习目标： • 解释语法制导的基本思想 • 对给定的程序设计语言设计抽象语法树及其构造方法 • 解释和定义程序设计语言的类型和类型系统 • 能够根据类型系统实现类型检查和类型转换

（五）中间表示与中间代码生成

知识单元	知识点描述
中间表示与中间代码生成 最少学时：5 学时	知识点： • 中间表示：后缀形式、图形表示、三地址代码（包括 LLVM IR）、静态单赋值 SSA ⊖等常见中间代码表示 • 中间代码生成概述：常见方法（语法制导、基于树访问），符号表结构的变化 • 各种语句的翻译：声明语句、赋值语句（含数组元素、结构体的域等）、控制流语句（布尔表达式、if 语句、while 语句、switch 语句）、过程调用等翻译方法
	学习目标： • 根据编译器构造的具体场景，选择合适的中间代码表示形式 • 对常见高级程序设计语言语句，给出其对应的某种中间代码表示 • 对给定的程序设计语言，设计和开发中间代码生成程序

（六）运行时系统

知识单元	知识点描述
运行时存储空间的组织与管理 最少学时：5 学时	知识点： • 名字与绑定、作用域与生存期 • 进程地址空间、内存布局（可能在其他课程讲授） • 局部存储分配：活动记录、活动树与运行栈、过程调用与返回 • 非局部名字的访问：静态数据区、堆、有过程嵌套的非局部名字的访问（访问链）、过程作为参数和返回值 • 参数传递：传值调用、引用调用、换名调用
	学习目标： • 理解名字绑定的时机、名字作用域与数据对象生存期的关系 • 对于给定的程序，说明其在进程地址空间的映射与内存布局，解释代码区、全局数据区、运行栈和堆的各自作用、管理机制和访问特点

⊖ 这里只介绍 SSA 是什么以及它的作用，而不介绍 SSA 如何生成。

（续）

知识单元	知识点描述
运行时存储空间的组织与管理 最少学时：5 学时	• 根据运行时内存管理机制，解释递归程序运行过程、栈溢出、内存泄漏和悬挂指针等发生的原因，能够辨识并解决程序中常见的内存异常问题 • 从编程难度和运行性能等方面比较不同内存管理技术和框架的优缺点

（七）代码生成（只介绍 SSA 是什么以及它的作用，不介绍 SSA 如何生成）

知识单元	知识点描述
面向特定体系结构的代码生成 最少学时：4 学时	知识点： • 代码生成概述：代码生成的工作机制、目标代码（绝对机器语言程序、可重定位目标模块）、寄存器的分配和合理使用 • 目标机与目标语言：指令系统、指令代价、指令选择、计算次序的选择、调用惯例 • 基本块和流图 • 简单的代码生成器
	学习目标： • 理解代码生成器的工作原理，掌握目标代码生成中的基础知识，掌握简单的代码生成算法 • 掌握基本块和流图的定义及划分方法 • 掌握简单的寄存器分配算法 • 对于给定的目标机器及目标语言，设计代码生成器将中间代码转换为目标代码

（八）选项 1：代码优化

知识单元	知识点描述
代码优化 最少学时：12 学时	知识点： • 代码优化分类 • 控制流分析 • 格理论及数据流分析 • SSA 的生成与基于 SSA 格式的代码优化 • 局部优化 • 循环优化 • 寄存器分配
	学习目标： • 给定数据流分析问题，能使用格理论给出算法的描述，并证明算法的收敛性 • 能实现具体的数据流优化算法，包括但不限于常数传播、死码删除以及部分冗余删除（*） • 了解图着色算法或线性扫描算法，在给定控制流图上能上手工模拟算法的执行，并能处理在过程调用规范下有调用者保存和被调用者保存寄存器的情况 • 能对比 SSA 和非 SSA 形式的内存占用差别 • 能将非 SSA 形式的中间代码转换为对应的 SSA 形式 • 能利用 SSA 形式，实现数据流优化算法

（九）选项 2：面向不同范型的编译技术

知识单元	知识点描述
面向对象程序设计语言的编译、函数式程序设计语言的编译、垃圾收集、面向深度学习的编译技术 最少学时：12 学时	知识点： • 面向对象语言的概念：封装、继承、多态等 • 方法的编译 • 继承的编译方案 • 异常处理 • 函数式程序设计语言的概念 • 闭包及惰性求值 • 垃圾收集的框架 • 典型垃圾收集算法 • 深度学习框架概述 • 面向张量计算的领域特定语言（DSL） • 中间表示：MLIR、TVM • 深度学习模型的编译与运行时优化
	学习目标： • 对比分析面向过程语言和面向对象语言的不同，理解由此带来的编译系统实现的差别 • 解释单继承和多继承的实现机制、对象数据布局与方法调用机制 • 理解异常处理机制及其实现方法 • 理解函数式编程的理论基础——lambda 演算 • 能结合实例，分析函数作为参数、函数作为返回值引起的实现上存在的问题 • 闭包在处理高阶函数时的作用以及闭包的实现机制 • 了解常见典型垃圾收集算法的运行原理 • 在给定语言中实现简单的垃圾收集算法 • 比较各种实用垃圾收集算法的差异，针对给定语言的特点，选择合适的垃圾收集算法 • 针对给定张量计算特点，设计易于表示的 DSL 语言，并设计 MLIR 方言来实现 DSL • 理解计算与调度分离的设计理念，针对给定张量计算，用 TVM 的原语写出不同的调度代码并分析性能差异 • 了解编译和运行时优化的可能方法，以及不同优化可以在什么层次的中间表示上开展

（十）选项 3：并行编译优化

知识单元	知识点描述
并行编译优化 最少学时：12 学时	知识点： • 并行体系结构基础 • 循环空间与依赖性分析 • 并行编译优化 • 流水线优化 • 局部性优化 • 异构计算的编译优化

（续）

知识单元	知识点描述
并行编译优化 最少学时：12 学时	学习目标： ● 理解循环空间与依赖性分析算法，可以手工分析给定循环是否具有循环迭代间依赖性以及是否可以并行化 ● 理解循环变换理论，理解循环展开、循环合并、循环嵌套互换以及循环分块等算法，并能使用上述理论对紧嵌套循环进行手工变换以提高程序的局部性 ● 理解 GPU 的存储层次，以及面向 GPU 存储层次的优化算法 ● 利用上述理论，实现一个能进行自动向量化和局部性优化的循环变换模块（*）

3.5.4　课程实践

　　编译原理和技术的课程实践体系可以按如图 3-2 所示的组件化实践框架来构建，其中蓝色矩形部分为可供学生实践或者提供给学生使用的组件。该框架遵循循序渐进、可分解和可插拔的设计原则。循序渐进旨在解决学生实验难上手的问题，并且使实验安排与理论教学能同步，从而帮助学生消化理解理论知识；通过各个循序渐进的实验，最终在期末能完成一个接近实际工程项目规模的项目。可分解和可插拔旨在为具有不同教学目标的学校提供统一实践框架和一些必要的和可选的组件，从而构建适合自己的具体实践方案；可插拔性也能支持同一学校为适应新形势或者减少抄袭等而调整具体实践内容的需求。

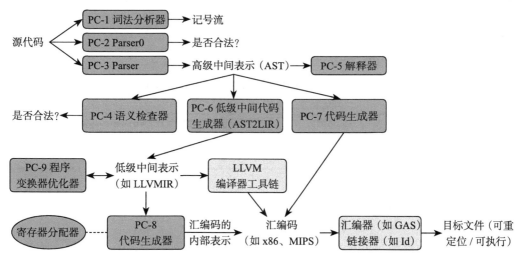

图 3-2　组件化编译实践框架

基于图 3-2 的框架，各校可根据课程学时和培养目标的需要，选择要实现的程序设计语言和目标平台，开展表 3-1 所列的不同级别的实践项目。其中，PC-0 到 PC-7是基础实践，PC-3 到 PC-7 是可选的以适应不同高校的实践需求；PC8-9 是高级实践。通过完成前三个（PC-0 到 PC-2）以及后 5 个（PC-3 到 PC-7）中的若干个，学生可以获得为实验语言开发解释器、解析器或编译器所需的基础知识和技能；而 PC-8 和PC-9 则旨在鼓励学生挑战使用课堂和课外调研获得的知识和技能开展程序分析、代码生成和优化。实验语言的选取会极大影响实践的难度。不同的语言特征有不同级别的实现难度，涉及不同的知识和技能。

表 3-1　编译原理和技术实践项目

实践编号	描述	级别	阅读实践编号
PC-0	启动预备	基础	
PC-1	词法分析器	基础	PC-R1
PC-2	Parser0 解析器	基础	
PC-3	Parser 解析器	基础，可选	PC-R2
PC-4	语义检查器	基础，可选	PC-R3
PC-5	解释器	基础，可选	
PC-6	低级中间代码生成器	基础，可选	
PC-7	简单的代码生成器	基础，可选	
PC-8	代码生成器	高级	PC-R4
PC-9	程序变换器 / 优化器	高级	PC-R5

表 3-1 的第 4 列给出了 5 个可选的阅读理解实践，它们要求学生阅读从开源产品级编译器选出与第 2 列对应组件相关的代码，在所给的导读指引下，理解并回答所精心设计的问题。这类实践旨在让学生在有限的时间内尝试理解现代编译器的架构和特点，学生需要调研阅读编译器源码和相关的文献。

表 3-2 列出了若干语言特征及其对应的难度级别，供参考。

表 3-2　实验语言的特征及其实现的难度级别

实验语言的特征	级别
只有整数类型（可根据情况支持一维整型数组），没有函数调用，赋值、`if`、`while`	基础
`break`，`continue`，更多的数据类型，不带参数或带参数的函数	中等或高级
面向对象等高级语言特征	高级

3.5.5　开设建议

教学内容分基础与提高两类，基础类约需 32～48 课时（2～3 学分），提高类约需 16～32 课时（1～2 学分），可以将基础和提高部分整合为一门课，也可将提高部分内容单独作为一门选修课。

作为在编译教学后期阶段实施的实践，由于整体课业负担比较重，而目标机的特征等的理解又需要耗费较多的时间，因此实施细则需要尽可能地提供学生调研理解目标机特征及编程接口、常用后端处理流程、存储资源（包括寄存器）的分配算法等的引导，以便学生在有限的时间尽快开展并完成实践内容。

学生在开展这类实践时，需要：

1）选择合适的小测试程序用于调试代码生成器，要理解程序中涉及的语言特征与目标代码的对应关系，以及在代码生成器的处理逻辑；

2）学习使用某种汇编语言及汇编器、链接器，了解汇编语言及操作系统支持的目标文件的特征；能结合第1）点，了解将小测试程序编译得到可执行文件的全流程；

3）利用现有工具或提供的参照编译器，将测试程序翻译得到目标代码，分析二者之间的对应关系，总结并确定翻译方案；

4）熟悉目标代码的表示和编程接口，可以结合具体测试程序例子，手工调用目标代码构建的编程接口生成与测试程序对应的目标代码，并评测生成代码的正确性；

5）熟悉所提供的代码框架，在该框架代码上补充代码，先支持简单的语言特征，然后再逐步支持复杂以至全部的语言特征；

6）先单独测试代码生成器组件，后将该组件与其他编译器组件联调；

7）对于要求考虑寄存器分配的课程实践，则要调研并设计适合本实践的寄存器分配方法并实现。

3.6 计算机体系结构

3.6.1 课程概述

计算机体系结构是计算机科技工作者，特别是从事偏重于计算机硬件系统和系统软件研究的科技工作者必备的基础知识。本课程从全局的观点出发，采用定量分析方法技术，建立起设计、评价、优化计算机系统的技术。利用这些方法和技术，可有效地评价已有的计算机系统的性能，改进已有的系统设计，进而探讨新的体系结构。主要讲授计算机系统定量分析基础、存储系统优化技术，重点讲授指令级并行、数据级并行和线程级并行等基本的系统结构优化技术，概要介绍云计算系统中涉及的并行技术和深度神经网络专用体系结构。课程目标是帮助学生掌握如何优化计算机系统的硬件和软件设计，培养学生用历史的和现代的观点学习各种风格的计算机组成与实现，理解计算机系统软件与硬件协同设计的思想。课程要求是在芯片系统层面，掌握计算机系统性能的定量分析方法和基本优化技术，学会基于系统设计目标比较设计方案的优劣，分析系统的瓶颈，深入理解计算机系统结构的设计折中。

3.6.2　内容优化

1）本课程内容设计考虑了先修课程"计算机系统基础""数字逻辑与计算机组成"中已经重点介绍过的内容，如指令集体系结构设计（已在"计算机系统基础"里重点介绍）和基本的指令流水线技术（已在"数字逻辑与计算机组成"里重点介绍）等内容不再重点介绍，而是重点介绍各种计算机系统结构中采用的不同层级的并行技术，并将节省下来的课时引入"云计算系统结构"和"人工智能专用体系结构"等新的教学内容。

2）本课程与两门先修课程教学目标的定位区别：

"计算机系统基础"教学目标是"Know What"：让计算机专业或非计算机专业低年级的本科生在刚刚开始本科学习时就对"什么是计算机系统？"，即计算机系统的软硬件有一个整体的理解，从整体上认识后续专业基础课和核心课程之间的联系，以便学生在学习后续专业课程时，能够较容易地学习更详细和更深入的相关内容，并了解这些课程内容是如何连贯在一起的。涉及对计算机系统一系列重要概念和思想的了解。

"数字逻辑与计算机组成"（或"计算机组成原理""计算机组成与设计"）教学目标是"Know How"：从系统实现的角度，层次化地、完整地介绍了现代计算机系统的组织结构及其工作原理，为学生进一步学习操作系统、编译原理、计算机网络、计算机体系结构等专业课程奠定基础。涉及如何设计计算机系统及其子系统，如处理器与存储芯片、存储子系统、I/O 子系统以及整机系统。

"计算机体系结构"的教学目标是"Know Why"：了解不同风格的计算机系统结构的研究与设计方法；掌握计算机系统性能的定量分析方法和基本优化技术。涉及全系统的硬件和软件优化设计方案的选择和折中。其教学难点在于：a）数据相关、控制相关对流水线性能的影响；b）指令流动态调度技术、推测执行、存储器引用的相关判定；c）存储一致性及同一性模型。

3.6.3　知识结构

（一）计算机体系结构概述

知识单元	知识点描述
计算机体系结构的基本概念和量化设计思想 最少学时：6 学时	知识点： • 计算机的分类 • 计算机体系结构的定义 • 计算机性能定量分析技术基础

（续）

知识单元	知识点描述
计算机体系结构的基本概念和量化设计思想 最少学时：6 学时	学习目标： • 了解计算机量化设计与分析的基本概念，包括分类、能量、静态功率、动态功率、集成电路成本、可靠性和可用性 • 能够在整门课程中贯穿对这些基本概念的理解

（二）存储系统性能优化技术

知识单元	知识点描述
设计内存层次 最少学时：10 学时	知识点： • 存储系统层次结构与优化 • 主要的 Cache 性能优化技术 • 虚拟内存和虚拟机 • 内存层次结构设计 • 实例研究：ARM 和 Intel 处理器的内存层次结构
	学习目标： • 了解内存是计算机系统里的关键资源 • 运用成本 – 性能 – 能量原则，讨论了 Cache 的 10 个高级优化技术 • 了解虚拟机在保护、软件和硬件管理方面带来的好处，以及在云计算中发挥重要作用 • 了解除 SRAM 和 DRAM 技术以外新的内存技术，包括闪存，3D 堆叠等

（三）指令级并行技术

知识单元	知识点描述
开发片上指令级并行性 最少学时：10 学时	知识点： • 指令级并行的概念和挑战 • 开发指令级并行性的编译器技术（指令级并行性的分析） • 用动态分支预测技术克服控制相关 • 用多指令发射和指令的静态调度技术来利用指令级并行性 • 用指令的动态调度技术克服数据相关（动态调度的例子与算法） • 推测执行技术 • 指令级并行性的局限性 • 利用隐式多线程技术开发指令级并行性 • 实例研究：ARM 和 Intel 处理器的指令级并行技术
	学习目标： • 了解用于开发处理器性能的指令级并行（ILP）技术，包括超标量执行，分支预测（包括混合预测器），推测执行，动态调度，和同步多线程 • 了解 ILP 的局限性

（四）数据级并行技术

知识单元	知识点描述
开发片上数据级并行性 最少学时：10 学时	知识点： • 数据级并行性的概念和挑战

（续）

知识单元	知识点描述
开发片上数据级并行性 最少学时：10 学时	• 面向科学与工程计算的向量机结构 • 面向多媒体应用的 SIMD 指令集扩展 • 图形处理单元（GPU）与流处理技术 • 开发循环级并行性 • 实例研究：Intel 多媒体指令扩展、Imagine（流处理器）、NVIDIA GPGPU/CUDA
	学习目标： • 了解多数据级并行结构的发展历史与趋势 • 了解科学和工程计算应用的特征对向量体系结构的适应性 • 了解多媒体应用的特征对 SIMD 和流体系结构的适应性

（五）线程级并行技术

知识单元	知识点描述
开发片上线程级和进程级并行性 最少学时：10 学时	知识点： • 线程级并行性的概念和挑战 • 集中式共享内存体系结构 • 对称共享内存多处理器性能 • 分布式共享内存体系结构和基于目录的一致性协议 • 同步的概念 • 内存一致性模型简介 • 多线程处理器与多处理器 • 实例研究：Intel 的多核与众核处理器
	学习目标： • 了解商业应用的特征对线程级和进程级并行处理器的适应性 • 了解网络处理应用的特征对线程级和进程级并行处理器的适应性 • 了解对称和分布式存储多核结构，组成和性能因素 • 了解不同的多核和众核处理器设计方案，包括多核 – 多级 Cache 的组成、多核一致性和片上多核互连

（六）云计算中的请求级并行技术和数据级并行

知识单元	知识点描述
云计算中的请求级并行和数据级并行 最少学时：6 学时	知识点： • 仓储式计算机的编程模型和工作负载 • 仓储式计算机的计算机体系结构（内存计算） • 仓储式计算机的效率和成本 • 实例研究：仓库式计算机
	学习目标： • 了解仓储式计算机（WSC）的设计、成本和性能需求 • 了解仓储式计算机（WSC）的编程模型

（七）深度神经网络专用体系结构

知识单元	知识点描述
深度神经网络专用体系结构 最少学时：8 学时	知识点： • 深度神经网络专用处理器概述 • 谷歌的张量处理单元（TPU）：一个用于推理的数据中心加速器 • 微软的 Catapult：一个灵活的数据中心加速器 • 英特尔的 Crest：一个用于训练的数据中心加速器 • Pixel Visual Core：一个个人移动设备的图像处理单元 • 寒武纪：一个 DNN 训练和预测专用加速器 • 比较：CPU、GPU 与 DNN 加速器
	学习目标： • 了解开发领域专用（DSA）处理器的设计动机 • 了解深度学习编程框架

3.6.4　课程实践

通过熟悉和掌握计算机系统结构主流模拟器工具的应用，使学生对单处理器计算机系统定量分析与并行优化技术有更深的体会，并提升硬件系统设计能力。

实践分为四个必做实践和一个选做实践。

实践一：熟悉基本流水线的概念，加深学生对流水线技术的理解。

实践二：熟悉 Cache 的基本概念、基本组织结构，了解影响 Cache 性能的指标，了解相联度对 Cache 的影响，了解块大小对 Cache 的影响，了解 Cache 失效的分类及组成情况，加深学生对 Cache 的理解。

实践三：了解指令动态调度的基本过程，了解记分牌算法和 Tomasulo 算法的基本结构、运行过程，比较分析基本流水线与记分牌算法和 Tomasulo 算法的性能及优、缺点。

实践四：了解动态分支预测的基本技术和推断执行的基本过程，然后比较各种分支预测技术的性能。

选做实践：要求学生修改模拟器的相关部分，实现伪相联或虚拟 Cache，或独立研究提出一种优化技术。其目的是让学生掌握通过仿真手段研究新的优化技术的方法。

3.6.5　开设建议

1）对于具有计算机体系结构研究团队，注重培养新型计算机系统研发与设计人才的计算机科学与技术专业可在本科高年级开设该课程，并学习全部内容。

2）对于应用型计算机科学与技术专业在本科开设该课程具有一定难度；可在研究生层面开设该课程，以增强计算系统设计与优化能力。

3）其他计算机类专业，依据专业定位和培养方案，可以选修该课程或部分内容。

3.7   智能嵌入式系统

3.7.1   课程概述

嵌入式系统是计算机科学与技术专业重要的专业基础课之一。随着智能时代的到来，计算平台随之发生重要变化，从传统的单一处理器计算平台、分布并行计算平台发展成为云－网－端为主流的新型计算平台。其中，"端"在新型计算平台中的变化较大。从传统嵌入式系统的标准终端，逐步演化成为具有丰富应用特征的智能前端，其具有鲜明的自主、协同以及智能特性，对嵌入式系统课程教学产生了重要影响。如何跟随智能时代的技术发展潮流，在丰富多样的智能前端应用中提炼的共性技术，在云－网－端新型计算模式下深化嵌入式内涵和其智能特性，是目前智能化嵌入式计算系统课程教学研究和教学内容改革的重要任务。

通过本课程的学习，能够让学生了解嵌入式系统技术的发展现状和趋势；了解嵌入式系统的普遍性原理、组成和特点；在掌握新型嵌入式系统分析、嵌入式软硬件设计、嵌入式系统调试与测试等方法基础上，提升学生新型嵌入式系统创新设计与优化能力；通过实例分析，让学生掌握嵌入式技术在智能前端领域中的实际应用。

3.7.2   内容优化

在原有嵌入式系统课程整体框架下，淡化传统器件级硬件结构、程序设计方法等内容，深化理论基础、扩展智能内涵、探索前沿领域，将课程从基于传统嵌入式计算模式的标准终端系统，逐步演化为基于云－网－端新型计算模式下的智能前端系统，适应智能时代的知识体系构建和人才培养需求。

具体对嵌入式计算系统课程的教学内容做以下的调整：

1）随着硬件集成度不断提升，适度压缩传统器件级硬件内部结构与实现内容，突出器件特性能力和主要部件互联结构。

2）随着嵌入式软件日趋复杂，适度压缩传统的嵌入式软件设计方法内容，突出基于系统软件平台的嵌入式应用软件设计，并拓展基于模型的嵌入式系统设计等进阶内容。

　　3）增加主流嵌入式智能硬件以及智能嵌入式软件设计相关内容，提升学生基于智能硬件的系统开发能力，让学生从智能硬件开发中了解嵌入式系统智能化发展，认识智能硬件对于传统嵌入式系统性能的显著提升。

　　4）增加智能前端典型领域应用相关内容，拓宽学生视野，了解目前智能前端广泛的应用领域（如智能手机、智能物联终端、自主运动体等），让学生通过实例加深对新型智能嵌入式系统原理、设计方法的理解。

3.7.3　知识结构

知识单元	知识点描述
1. 嵌入式系统概论 最少学时：2 学时	知识点： ● 嵌入式系统概念与内涵 ● 嵌入式系统组成及其演化 ● 智能化嵌入式系统及其特征
	学习目标： ● 了解嵌入式系统概念以及发展过程 ● 掌握嵌入式系统组成结构、特点 ● 掌握智能化嵌入式系统自主、协同等特征 ● 了解智能化嵌入式系统与其他领域交叉关系
2. 嵌入式硬件设计 最少学时：6 学时	知识点： ● 嵌入式基本硬件基础 ● 硬件设计工具及设计方法 ● 嵌入式硬件组成及子系统 ● 典型嵌入式智能硬件及异构平台
	学习目标： ● 了解嵌入式系统硬件组成 ● 掌握嵌入式处理器类型及特点 ● 了解典型的嵌入式智能硬件及异构平台 ● 具备 Neural Compute Stick 和 TX2 开发能力
3. 嵌入式软件体系结构及设计 最少学时：8 学时	知识点： ● 基于构件的嵌入式软件结构 ● 基于实时服务的嵌入式软件结构 ● 可定制嵌入式软件设计 ● 智能化嵌入式软件设计
	学习目标： ● 了解嵌入式系统软件运行机制 ● 掌握典型嵌入式系统软件体系结构 ● 掌握基于构件和基于服务的嵌入式软件结构 ● 具备嵌入式软件设计能力 ● 具备典型嵌入式学习算法设计能力

（续）

知识单元	知识点描述
4. 嵌入式实时操作系统 最少学时：6 学时	知识点： ● 嵌入式实时操作系统架构 ● 实时性及影响因素分析 ● 实时操作系统内核服务机制 ● 嵌入式系统资源虚拟化
	学习目标： ● 理解实时性内涵及其分析方法 ● 掌握内核任务实时调度机制 ● 掌握内核时钟管理、任务间通信与协同方式 ● 掌握计算资源虚拟化方法 ● 理解存储、网络和设备资源虚拟化方法 ● 具备内核定制与扩展能力
5. 嵌入式系统总线及网络 最少学时：4 学时	知识点： ● 典型工业总线和背板总线 ● 主流现场总线 ● 典型嵌入式无线网络（4G/5G、ZigBee、蓝牙、WiFi） ● 多嵌入式节点协同策略与机制
	学习目标： ● 掌握典型背板总线 ● 掌握 CAN 总线协议接口以及工业以太网 ● 掌握典型无线网络协议（4G/5G、ZigBee、WiFi） ● 具备嵌入式节点无线通信开发能力
6. 嵌入式软硬件协同设计 最少学时：4 学时	知识点： ● 嵌入式软硬件协同系统建模 ● 嵌入式软硬件模块划分方法 ● 嵌入式软硬件协同设计 ● 嵌入式软硬件协同验证
	学习目标： ● 熟悉嵌入式软硬件协同系统建模语言与工具 ● 掌握软硬件协同设计流程 ● 掌握软硬件协同验证流程
7. 智能移动前端设计 最少学时：4 学时	知识点： ● 智能移动前端计算平台基本概念 ● 典型智能移动前端平台 ● 基于移动 OS 的自主智能前端开发方法 ● 基于移动 OS 的个性化应用软件开发
	学习目标： ● 掌握智能移动前端计算平台概念 ● 了解典型智能移动前端平台 ● 掌握基于移动 OS 的自主智能前端开发方法 ● 具备基于移动 OS 的应用软件开发能力

（续）

知识单元	知识点描述
8. 智能物联前端设计 最少学时：4 学时	知识点： • 智能物联前端基本概念 • 典型智能物联前端平台组成 • 射频标签与自动识别技术 • 实时视觉感知技术 学习目标： • 了解智能物联前端定义、原理及作用 • 了解典型物联前端平台组成 • 掌握射频标签与自动识别技术 • 掌握视觉感知技术及其应用 • 具备智能物联前端软 / 硬件开发能力
9. 嵌入式系统功耗优化与适应性设计 最少学时：4 学时	知识点： • 嵌入式系统影响能耗的因素 • 典型节能优化设计方法 • 嵌入式系统环境适应性设计 • 嵌入式系统可靠性设计方法 学习目标： • 了解影响嵌入式系统能耗的因素 • 掌握典型感知与节能优化方法 • 掌握嵌入式系统运行环境适应性设计 • 掌握嵌入式系统可靠性设计
10. 基于模型的嵌入式系统开发方法 最少学时：6 学时	知识点： • 嵌入式系统建模语言 • 嵌入式系统建模方法 • 嵌入式系统形式化验证方法 学习目标： • 了解嵌入式系统建模语言 • 掌握计算 – 物理过程统一建模方法 • 掌握形式化验证方法

3.7.4 课程实践

嵌入式系统课程实践设置体现完整嵌入式系统元素；以主流嵌入式处理器和嵌入式操作系统为基本平台，配置面向一类典型应用接口，构成不同类型应用设计平台，支持完成面向典型应用场景的优化设计与实现。本课程的实践平台主要有两大类：

智能移动前端平台：ARM + 移动端操作系统 + 无线通信接口 + 多媒体接口组成。

智能感知 / 控制平台：ARM + Linux + 4G/WiFi + A/D，D/A。

课程实践可以采用嵌入式硬件设计、嵌入式软件开发和嵌入式系统集成三阶段训练模式，以培养计算机专业学生嵌入式系统设计与开发能力。

（1）**嵌入式硬件设计课程实践** 嵌入式硬件设计课程实践包括：嵌入式硬件集成设计；智能硬件（如 Neural Compute Stick）开发实践；智能硬件 TX2 开发实践。

嵌入式硬件课程实践需要在嵌入式实验室专用平台上完成。

（2）**嵌入式软件开发课程实践** 嵌入式软件开发课程实践包括基础训练和进阶训练。

基础训练包括软件看门狗设计；嵌入式 OS 内核定制；多线程 / 多任务实时并发设计。

进阶训练包括智能手机 App 开发；可穿戴设备软件开发；智能电灯系统控制算法开发。

根据嵌入式软件编程目的具体要求，一部分软件编程训练题目完成后可以在STM 或主流嵌入式开发板上直接运行测试；另一部分需要特定硬件支持，如智能手机、可穿戴设备、智能硬件 Neural Compute Stick 和 TX2 等。

（3）**嵌入式系统集成优化课程实践** 嵌入式系统集成优化课程实践包括：嵌入式软硬件协同设计、嵌入式能耗优化设计和基于模型的嵌入式系统设计等实践。

嵌入式软硬件协同设计主要训练学生对于系统软硬件协同建模、功能需求分析和功能模块软硬件划分的应用能力；能耗优化设计在智能手机 App 实践基础上进行能耗优化；基于模型的嵌入式系统设计训练学生通过建模语言进行嵌入式系统设计、分析和验证的能力。

3.7.5 开设建议

1）对于后续开设"物联网技术"课程或类似课程的学校，建议不讲知识单元 8 智能物联前端，或压缩学时。

2）对于应用型大学与工程型大学可以不讲或作为讲座介绍知识单元 10 基于模型的嵌入式系统开发方法。

3）对于有嵌入式硬件实践环境的学校，建议任课教师根据硬件实践环境选择性安排知识单元 7 智能移动前端、知识单元 8 典型智能物联前端和知识单元 2 中智能硬件平台相关课时。对于嵌入式硬件实践条件不具备，或已经单设网络硬件实践课程的学校，可以只选择嵌入式软件开发课程实践环节。

4）嵌入式软件开发课程实践和嵌入式系统集成优化课程实践选题考虑了基于不同硬件的软件设计，同时考虑到不同类型学校的教学需求；软件开发课程实践选题基本涵盖了目前主流的嵌入式硬件平台，分为基础和进阶两个难度。不同类型学校的老师可以根据培养目标和教学需要，结合嵌入式硬件实践环境，自选题目，分阶段、循序渐进地组织嵌入式软件开发课程实践。

3.8 并行程序设计

3.8.1 课程概述

随着技术的发展与科技的进步，传统的计算方法在面对内存墙、频率墙与功耗墙时，越来越显得力不从心。在云计算和大数据处理的环境下，我们可以看到计算的发展趋势的演进是由单核到多核、由 CPU 到 CPU+GPU、由终端到云端。在未来的发展之中，并行与分布式计算将在计算机技术中扮演越来越重要且不可代替的角色。在此技术趋势下，并行编程成为计算机人才的必备知识，是支撑云计算、大数据和人工智能等新型计算机应用的计算与存储的必备技能，计算机科学与技术专业本科生必须具备并行编程能力。

通过本课程的学习，学生可了解支持并行处理的体系结构基础知识，掌握并行编程的基本原理与方法步骤，了解各类并行编程环境的基础知识；具备一定的并行编程基本技能；具有一定的并行编程调试和优化能力。该课程帮助学生建立起并行计算的核心概念和掌握处理问题的基本手段。

本课程还致力于培养学生在并行计算领域较强的开发能力。计算机是实践性很强的学科，而系统软件方面更强调理论与实践的结合，对于计算机系统类人才的开发能力要求更强。本课程在实践环节上非常重视学生在并行计算方面设计与实现能力的培养，将通过实现典型并行计算问题，以及经典的并行计算优化难题的方法，帮助学生在掌握原理的同时适应并行计算编程环境的特点，能够熟练掌握在并行计算环境下软件的开发、调试与测试等方法。

3.8.2 内容优化

课程通过传统课堂授课、实践项目相结合的方式进行教学。课程实践项目指导学生利用相应的软件工具仿照范例制作出性能优化的并行程序，满足一定的性能指标要求，使学生掌握某一典型的并行编程环境，比如 MPI、OpenMP、MapReduce 和 CUDA 的设计、开发、调试、分析与优化的基本技能。本课程将培养学生在并行计算方面分析与解决问题的能力，以及建立在计算机学科领域持续追求效率更高、质量更好的计算的创新意识。

本课程由并行编程基础原理、并行编程环境与技术以及并行编程实践三部分组成。

1）并行编程基础原理包括并行体系结构、并行编程模型、并行编程方法学以及

程序性能等;

2）并行编程环境与技术包括共享内存与 OpenMP、消息传递与 MPI、GPGPU 与 CUDA 编程模型、大数据处理、数据流处理等;

3）并行编程实践包括基于回溯的并行实践案例,以及实践项目介绍等。

并行编程是典型的计算机理论与实践结合的产物,具备较为完备的理论体系,且随着并行计算环境及其应用场景变化而演进。本课程体系旨在从基础原理、编程环境与编程实践三个方面加深并行思维的形成与对并行编程软硬件环境的了解和熟悉,打好并行计算系统开发与应用基础。

3.8.3   知识结构

知识单元	知识点描述
1. 绪论 最少学时：2 学时	知识点： • 应用的需求 • 体系结构发展趋势 • 什么是并行编程 • 为什么需要并行编程 • 并行与分布式计算基本概念
	学习目标： • 了解为什么需要学习并行编程 • 掌握目前应用领域对计算性能的需求以及计算机软硬件技术的发展趋势 • 了解并行与分布式计算的基本概念
2. 并行体系结构 最少学时：6 学时	知识点： • 单处理器内的并行 　▪ 流水线、超标量和乱序 　▪ 向量处理器、SIMD 　▪ 多线程 　▪ 单处理器内存系统 • 多核 • 并行计算机体系结构
	学习目标： • 了解单处理器中的并行等概念 • 了解主流的 MIMD、MPP、多核等体系结构和典型代表机器 • 重点强调并行体系结构设计思想的继承与改进
3. 并行编程模型 最少学时：4 学时	知识点： • 共享内存模型 • 线程模型 • 消息传递模型 • GPGPU 编程模型 • 数据密集型计算模型

（续）

知识单元	知识点描述
3. 并行编程模型 最少学时：4 学时	学习目标： • 从抽象的层面掌握几种经典的并行编程模式 • 简单了解每种模式相应的编程工具
4. 并行编程方法学 最少学时：2 学时	知识点： • 几类典型问题 • 产生一个并行程序的步骤 • 一个简单的并行程序 学习目标： • 从方法论的角度了解利用并行计算方法解决问题时通常所采用的步骤 • 掌握并行编程的四个基本步骤 • 学习对并行程序进行简单剖析
5. 并行程序性能分析 最少学时：2 学时	知识点： • 处理期执行时间的组成 • 任务划分与性能 • 通信、数据局部性与体系结构 • 性能调优 学习目标： • 了解并行程序的性能评价方法 • 了解任务分割与性能的关系，以及通信、数据局部性与体系结构间的关系 • 掌握从处理器的角度来看，如何增加并行系统的加速比
6. 共享内存编程与 OpenMP 最少学时：2 学时	知识点： • OpenMP 概要 • 生成线程 • 并行循环 • 同步 • 数据环境 • 任务 学习目标： • 了解共享内存编程的基本概念 • 掌握 OpenMP 并行编程基本方法
7. 基于消息传递的并行编程 与 MPI 最少学时：2 学时	知识点： • 消息传递基本概念 • 传送与接受操作 • MPI • 拓扑结构与嵌入机制 • 通信与计算的重叠 • 通信与计算的集合 • 集合式通信 学习目标： • 了解基于消息传递的并行编程基本原理 • 掌握 MPI 基本编程方法

（续）

知识单元	知识点描述
8. GPGPU 与 CUDA 编程 最少学时：2 学时	知识点： • GPGPU 简介 • CUDA 编程模型 　■ 核 　■ 线程层次 　■ 内存层次 　■ 异构编程 　■ 计算容量 • CPU 与 GPU 的映射
	学习目标： • 了解 GPGPU 的基本概念 • 了解 CUDA 编程模型 • 掌握 CUDA 线程的层次结构与内存的层次结构、CUDA 与 Nvidia GPU 的映射
9. MapReduce 最少学时：2 学时	知识点： • MapReduce 基本概念 • MapReduce 框架和运行流程 • MapReduce 设计细节 • MapReduce 编程方法 • MapReduce 多平台实现
	学习目标： • 深入理解 MapReduce 框架的原理和设计细节 • 掌握 MapReduce 编程方法并熟练运用
10. 大数据处理编程 最少学时：6 学时	知识点： • 大数据基本概念 • 大规模数据处理 　■ 背景知识 　■ 大数据处理编程模型 　■ MapReduce 编程框架 • 图处理 　■ 基本概念 　■ 图处理框架 　■ 图编程模型 　■ 图划分 　■ 消息传递 　■ 调度 　■ Pregel 　■ PowerGraph 　■ GrapChi • 流处理 　■ 流数据与流应用 　■ 实时流处理 　■ 流数据处理生态

（续）

知识单元	知识点描述
10. 大数据处理编程 最少学时：6 学时	学习目标： • 了解大数据背景下并行计算面临的挑战 • 掌握大数据系统中的并行计算基本模型与方法 • 了解大数据处理并行计算的典型系统实现
11. 并行编程实践 最少学时：2 学时	知识点： • 基于回溯法的并行计算 ■ Akari 问题 ■ Akari 问题求解 ■ Akari 问题并行求解 • 并行计算模式 ■ 并行编程问题 ■ 模式与语言 ■ 软件结构与计算模型 ■ 算法策略 ■ 实现策略 ■ 执行策略
	学习目标： • 通过案例体会并行编程的一些基本方法和思路，加深对并行计算思维的理解 • 培养学生利用并行化思维分析和解决问题的能力

3.8.4　课程实践

课程实践包括 2 个层次的并行编程实践，培养学生并行计算的编程开发与调试能力。

（1）并行编程环境入门　熟悉并行编程环境；利用 pthread、OpenMP、MPI 或 CUDA 等并行实现某经典并行计算问题，比如矩阵的乘法运算（选择一个并行编程工具即可）；还可选择"基于 MapReduce 的 PageRank 算法实现"。

要求学生能够掌握和利用 pthread、OpenMP、MPI、MapReduce 和 CUDA 等工具和编程模型对现有算法进行并行化的基本原理和方法，了解和熟悉并行与分布式程序开发的相关环境和工具；通过对并行化过程和结果进行分析，从并行化原理、编译原理和操作系统原理等更深层次上分析和了解程序并行化的目的以及性能提升的原因，使学生建立在计算机学科领域持续追求效率更高、质量更好的计算的创新意识。

（2）并行编程优化实践　使用并行回溯法解决 Akari 问题；使用并行方法优化广度优先算法；使用并行方法优化 *K*-means 算法。

要求学生了解并掌握对复杂问题进行并行程序设计和优化的方法。在相关工具和框架的帮助下，利用数据划分和任务划分方法实现并行算法，并对并行算法进行优化。

3.8.5　开设建议

1）如果前期没有开设计算机并行方面内容，建议增加对知识单元2并行体系结构的介绍。

2）对于课程实践，建议任课教师适当安排实践内容讲解，帮助同学熟悉实践环境和基本的调试方法。

3.9　分布式系统

3.9.1　课程概述

在智能时代的大背景下，有限的单机资源已无法满足云计算、大数据和人工智能等新型应用快速增长的计算和存储需求。因此，分布式系统作为能够提供大规模服务的网络化计算系统，正成为支撑各类新型计算机应用不可或缺的计算与存储基础设施，并强有力地推动智能时代的经济社会发展。在此技术趋势下，对于分布式系统基础理论的理解以及相关技术的掌握在计算机类专业学生的培养中显得尤为重要。

本课程引导学生从三个方面理解和掌握分布式系统，包括分布式系统的理论基础、分布式系统的支撑技术，以及典型分布式系统架构与应用。其中，分布式系统理论基础涉及分布式通信、分布式并发控制，以及分布式共识。分布式系统支撑技术涉及分布式共享内存、分布式文件系统、分布式数据管理，以及数据流关键技术。典型分布式系统架构与应用涉及对等计算、网格计算、云计算、MapReduce，以及流处理系统。本课程能够帮助学生构建分布式系统领域的核心知识网络，关联分布式系统的各项支撑技术，以及掌握分布式系统的基本架构，并最终引导学生如何以分布式的思维解决海量数据的处理、存储和管理等问题。

本课程还致力于培养学生在分布式系统领域的实际研发能力，为此，本课程在实践环节中通过 Paxos 算法实践、MapReduce 编程实践和 TensorFlow 编程实践帮助学生在学习分布式基础理论知识的同时，了解主流分布式支撑技术在实际系统中的实现与应用，并掌握分布式环境下常用的开发技巧与优化方法。

3.9.2　内容优化

1）优化课程布局和结构。本课程通过理论基础、支撑技术和系统案例三个部分系统化阐述分布式系统核心知识体系，通过循序渐进的课程内容强化前后知识的关联，并通过讲解分布式系统的技术发展轨迹（如对等计算、网格计算、云计算）剖析智能时代下分布式系统的特点及发展需求，最终帮助学生形成自底向上的分布式系统整体思维。

2）增加软硬件结合的相关内容，例如新型存储硬件对分布式系统架构产生的重要影响（如非易失性存储 NVM 对分布式共享内存的影响，DRAM 对分布式通信的影响），以扩展学生的视野并培养学生的软硬件协同思维。

3）增加分布式系统安全的相关内容（如对等计算安全问题的相关知识点），以应对日益增长的分布式系统安全需求并提高学生的分布式系统安全意识。

4）以智能时代下的实际应用与系统为导向，强化分析实际分布式系统如何解决具体应用（如图处理、流处理、智能计算）的计算及存储需求。

5）通过与课程内容配套的分布式项目实践，提升同学的实际开发能力，在实践中加深对分布式系统基础理论与支撑技术的理解。

3.9.3　知识结构

（标 * 为可选内容。）

（一）分布式系统导论

知识单元	知识点描述
分布式系统导论 最少学时：4学时	知识点： • 分布式系统基本概念 • 分布式系统表现形式 • 分布式系统设计目标 • 分布式系统性能度量 • 分布式系统设计关键技术 学习目标： • 初步理解分布式系统的表现形式，设计目标，核心技术 • 了解分布式性能度量方法

（二）分布式系统基础理论

分布式基础理论是本课程的重点与难点，其组成如下：

知识单元	知识点描述
1.分布式通信 最少学时：2学时	知识点： • 分层通信协议 • 远程过程调用 • 基于消息的通信 • 流式通信 • 多播通信

（续）

知识单元	知识点描述
1. 分布式通信 最少学时：2 学时	学习目标： • 掌握分布式通信基础知识 • 掌握多种分布式通信方式 • 能够根据场景选择合适的通信方式并能够编程实现
2. 分布式并发控制 最少学时：2 学时	知识点： • 并行事务问题 • 悲观并发控制 • 乐观并发控制 • 时间戳排序
	学习目标： • 了解分布式并发控制的背景 • 掌握分布式并发控制的基本方法
3. 分布式共识 最少学时：2 学时	知识点： • 分布式一致性原理 • 拜占庭容错 • Paxos 算法 • PoW 机制
	学习目标： • 了解分布式一致性原理 • 掌握分布式同步的多种算法

（三）分布式系统支撑技术

知识单元	知识点描述
1. 分布式共享内存 最少学时：2 学时	知识点： • 分布式共享内存架构 • 分布式共享内存核心问题 • 分布式共享内存系统搭建 • 分布式共享内存系统 Tachyon（*）
	学习目标： • 了解分布式共享内存系统的架构 • 掌握分布式共享内存系统的核心问题和解决方法 • 掌握分布式共享内存系统的搭建方法 • 了解分布式共享内存系统 Tachyon（*）
2. 分布式文件系统 最少学时：2 学时	知识点： • 分布式文件系统基本概念 • 分布式文件系统设计要点 　■ 文件服务接口 　■ 目录服务接口 　■ 共享文件语义 • 分布式文件系统实现： 　■ 系统结构

(续)

知识单元	知识点描述
2. 分布式文件系统 最少学时：2 学时	■ 高速缓存 ■ 复制策略 • 分布式文件系统发展趋势 • 典型分布式文件系统介绍
	学习目标： • 了解分布式文件系统的基本概念 • 掌握分布式文件系统的设计要点和实现技术 • 了解典型的分布式文件系统的功能和特性
3. 分布式数据管理 最少学时：2 学时	知识点： • 分布式数据管理的基本概念和核心需求 • 新型数据库 • HBase 原理 • 分布式数据管理技术研究现状以及未来发展趋势（*）
	学习目标： • 了解大数据背景下分布式数据管理面临的挑战 • 掌握分布式数据库中的数据管理方法 • 了解分布式数据管理方法在典型系统中的实现
4. 数据流关键技术 最少学时：2 学时	知识点： • 数据流的基本概念 • 数据流和控制流的区别 • 数据流和控制流的执行模型 • 数据流的系统研究和运行时（*） • 数据流的领域应用 ■ 图处理（*） ■ 人工智能
	学习目标： • 掌握数据流和控制流的主要区别 • 掌握数据流的执行模型 • 了解数据流系统研究的层次结构和典型成果（*） • 了解流处理系统在人工智能领域的应用 • 掌握图处理和深度学习编程方法

（四）典型分布式系统架构与应用

知识单元	知识点描述
1. 对等计算 最少学时：2 学时	知识点： • 对等计算基本概念 • 对等计算网络模型 • 对等计算安全问题（*） • 模拟测量工具（*）
	学习目标： • 深入理解对等计算的基本概念与网络模型 • 了解对等计算相关安全问题以及模拟测量工具（*）

（续）

知识单元	知识点描述
2. 网格计算 最少学时：2 学时	知识点： • 网格计算的基本概念 • 网格计算的体系结构 • 网格计算的关键技术 ▪ 体系结构 ▪ 核心技术 ▪ 安全问题 • 网格计算的应用与项目 • 网格计算与云计算
	学习目标： • 了解网格计算的基本概念 • 掌握多网格计算的多项关键技术 • 了解网格计算的应用场景 • 了解网格计算与云计算之间的区别与联系
3. 云计算 最少学时：4 学时	知识点： • 云计算的基本概念 • 多种形式的云服务 • 云计算关键技术 • 云计算展望
	学习目标： • 了解云计算的定义、发展和类型 • 掌握云计算中的关键技术 • 了解云计算在各领域的应用实践
4. 数据处理与 MapReduce 最少学时：2 学时	知识点： • 分布式数据处理基本概念 • 分布式数据处理模式 • MapReduce 基本概念 • MapReduce 框架原理 • MapReduce 编程方法 • MapReduce 多平台实现（*）
	学习目标： • 深入理解 MapReduce 框架的原理 • 掌握 MapReduce 编程方法并熟练运用 • 学习多个平台上 MapReduce 优化技术（*）
5. 流处理 最少学时：2 学时	知识点： • 流处理基本概念 • 流处理基本技术 • 分布式流处理系统和优化技术（*） • 代表性分布式流处理系统
	学习目标： • 了解流处理系统的架构和模型 • 了解分布式流处理系统和优化技术（*）

3.9.4　课程实践

项目实践由 3 个分布式系统实践组成，通过分布式系统的搭建、开发及性能分析，培养学生的分布式系统开发能力并加深学生对分布式理论与技术的理解。

1. Paxos 分布式算法实践

背景：分布式一致性算法是分布式基础理论的重要组成部分，Paxos 算法是基于消息传递且具有高度容错特性的一致性算法，是目前公认的解决分布式一致性问题最有效的算法之一。

实践目标：加深学生对于分布式一致性问题的理解，锻炼学生的源码阅读和实际动手能力。

实践内容：通过阅读 phxpaxos 源码，理解 Paxos 算法的工程实现方法；编译 phxpaxos 库，使用 phxpaxos 库实现 master 选举功能。

完成方式：实践文档（包含源码流程分析 +master 选举实现方法）+ 代码编写。

2. MapReduce 编程实践

背景：MapReduce 计算模型是分布式系统的核心技术之一，被广泛用于解决大规模数据处理问题，是从事分布式工作和研究人员的必备技能。倒排索引（inverted index）是一种索引方法，被广泛用来存储全文搜索下某个单词在一个文档或一组文档中的存储位置的映射。

实践目标：加深学生对于 MapReduce 计算模型的理解，考查学生的 MapReduce 编程能力。

实践内容：用 MapReduce 实现倒排索引功能，给出各阶段的处理流程和方案。

完成方式：方案文档 + 代码编写。

3. TensorFlow 编程实践

背景：TensorFlow 是一个基于数据流编程的符号数学系统，被广泛应用于各类机器学习算法的编程实现。

实践目标：通过对 TensorFlow 分布式的了解和使用，加深学生对数据流编程的理解，考查学生的分布式编程能力。

实践内容：使用 Keras 的 API 搭建 ResNet50 模型，在 CIFAR-10 数据集上进行分布式训练，并测试精度。

完成方式：方案文档 + 代码编写。

3.9.5　开设建议

1）本课程应着重分布式系统层面的剖析与讲解，尤其在介绍各种分布式编程技术时，应加强引导学生理解分布式系统是如何支撑分布式应用的。

2）对于开设了《并行程序设计》课程的学校，可减少 MapReduce 编程部分的内容。

3）课程实践建议使用云实验平台进行，统一考核标准。

本课程考核应综合理论知识与动手能力，可适当提高课程实践分数的比重。

3.10　计算机网络

3.10.1　课程概述

计算机网络是计算机专业重要的专业基础课之一。计算机网络应用正在从互联网向移动互联网、物联网方向发展。作为支撑云计算、大数据、智能技术与各行各业深度融合的平台，应用规模与深度的发展正在对计算机网络技术有巨大的影响。计算机网络在体系结构、传输技术与服务质量评价指标体系的改变，必然对计算机网络课程教学产生影响。如何跟进技术发展，找出支撑互联网、移动互联网与物联网发展的共性技术，在网络课程教学中反映网络技术"变"与"不变"，是当前网络课程教学研究和教学内容改革的主要任务。

通过本课程的学习，学生要能够了解计算机网络技术发展现状与趋势、掌握计算机网络的基本理论知识、掌握计算机网络技术的工作原理与实现技术、掌握网络编程的基本方法、掌握网络安全的基本概念与相关技术。

3.10.2　内容优化

在保持成熟的 TCP/IP 协议体系不变的前提下，改革网络课程的教学思路，克服计算机网络课程与计算机专业课程体系脱节的弊病，将计算机网络课程基于"通信"技术的传统模式逐步调整与计算机专业的计算机体系结构、计算机组成原理、操作系统与程序设计等核心课程衔接，使网络课程与计算机专业课程形成有机的整体。

具体对计算机网络课程的教学内容做以下的调整：

1）淡化和适度减少底层通信技术的教学内容；从计算机组成原理、操作系统的角度切入，解析体现物理层与数据链路层功能的网络接口卡设计方法，用计算机体系结构的思路去解释计算机系统与计算机网络的关系。

2）用"端－端会话"与"分布式进程通信"的思路去分析网络层、传输层与应用层的协议设计与实现方法。

3）通过配合教学内容的网络编程训练，提升计算机专业学生网络软件编程能力，让学生在编程的过程中去加深对网络工作原理与实现方法的理解，将枯燥的网络协议"课本式"学习改变为在实践中"体验式"学习。

4）增加软件定义网络／网络功能虚拟化（SDN/NFV）、服务质量／体验质量（QoS/QoE）、云计算数据中心网络等技术，开拓学术视野，认识未来会出现的用计算技术改造传统的网络世界的发展前景。

3.10.3　知识结构

知识单元	知识点描述
1. 计算机网络概论 最少学时：4 学时	知识点： • 计算机网络形成与发展 • 计算机网络定义与分类 • 计算机网络拓扑结构 • 分组交换网工作原理 • 网络体系结构的基本概念
	学习目标： • 了解计算机网络形成与发展过程 • 了解网络应用从互联网到移动互联网、物联网的发展过程 • 掌握计算机网络的定义与分类 • 掌握计算机网络拓扑的定义、分类与特点 • 掌握分组交换网工作原理 • 理解计算机网络体系结构的研究方法 • 掌握网络体系结构模型的基本内容
2. 物理层与数据链路层 最少学时：10 学时	知识点： • 物理层的基本概念 • 数据链路层的基本概念 • Ethernet 工作原理与组网方法 • WiFi 工作原理与组网方法 • 网络接口卡设计方法 • 从计算机组成原理的角度分析计算机网络 • 从操作系统的角度分析计算机网络
	学习目标： • 掌握物理层的基本概念 • 掌握数据链路层的基本概念 • 理解 Ethernet 的工作原理与组网方法 • 理解 WiFi 的工作原理与组网方法

（续）

知识单元	知识点描述
2. 物理层与数据链路层 最少学时：10 学时	• 理解网络接口卡的设计方法 • 了解从计算机组成原理角度分析计算机网络 • 了解从操作系统角度分析计算机网络
3. 网络层 最少学时：12 学时	知识点： • 网络层的基本概念 • IPv4 协议的基本内容 • 路由选择与分组交付 • 路由器设计方法 • ICMP 协议 • IGMP 协议 • MPLS 协议 • ARP 协议 • IPv6 协议 • 移动 IP 协议
	学习目标： • 理解网络层的基本概念 • 掌握 IPv4 协议的基本内容 • 掌握路由选择与分组交付方法 • 掌握路由器设计方法 • 掌握 Internet 控制报文协议 ICMP • 了解 Internet 组管理协议 IGMP • 了解多协议标识交换 MPLS • 掌握地址解析协议 ARP • 掌握 IPv6 协议的基本内容 • 掌握移动 IP 协议的基本内容
4. 传输层 最少学时：8 学时	知识点： • 传输层的基本概念 • 应用进程、传输层接口与套接字 • 分布式进程通信设计方法 • TCP 协议 • UDP 协议 • RTP/RTCP 协议
	学习目标： • 理解传输层的基本概念 • 理解应用进程、传输层接口与套接字的意义 • 掌握分布式进程通信设计方法 • 掌握 TCP 协议的基本内容 • 掌握 UDP 协议的基本内容 • 了解多媒体数据传输的特点 • 掌握 RTP/RTCP 协议的基本内容
5. 应用层 最少学时：10 学时	知识点： • 应用层的基本概念

(续)

知识单元	知识点描述
5. 应用层 最少学时：10 学时	• 互联网基本网络服务与应用层协议 • 基于 Web 的网络应用 • 域名系统 DNS • 动态主机配置协议 DHCP • 简单网络管理协议 SNMP • 互联网应用的实现方法 学习目标： • 了解应用层的基本概念 • 理解互联网基本服务与应用层协议 • 掌握 HTTP 协议的基本内容 • 掌握 DNS 协议的基本内容 • 掌握 DHCP 协议的基本内容 • 掌握 SNMP 协议的基本内容 • 掌握互联网应用设计与编程实现方法
6. 新型网络技术 最少学时：6 学时	知识点： • SDN 与 NFV • QoS 与 QoE • 云计算数据中心网络 学习目标： • 理解 SDN 与 NFV 的基本内容 • 理解 QoS 与 QoE 的基本内容 • 理解云计算数据中心网络设计方法
7. 网络安全 最少学时：8 学时	知识点： • 网络安全基本概念 • 加密与认证技术 • 网络安全协议 • 防火墙技术 • 入侵检测与入侵防护技术 • 网络安全技术研究发展 学习目标： • 掌握网络安全基本概念 • 理解加密与认证技术 • 理解网络安全协议 • 理解防火墙技术 • 理解入侵检测与入侵防护技术 • 了解云安全、SDN/NFN 以及网络定义安全的研究与发展

3.10.4 课程实践

课程实践采取网络编程训练形式，以培养计算机专业学生网络软件的系统设计与开发能力。网络编程课程实践题目共 12 个，分为 3 个难度级（3 级最高）。网络编程训练内容与要点为：

1）Ethernet 帧封装程序设计与实现（难度级 1）。

通过封装标准格式的 Ethernet 帧，了解帧格式、字段含义与功能，加深对网络协议设计与实现方法的理解。

2）IP 分组捕获程序设计与实现（难度级 1）。

通过从数据链路层截获的帧，分析 IPv4 分组格式、字段含义与功能，加深对网络相邻层之间关系，以及对 IPv4 协议结构的理解。

3）IPv6 分组封装程序设计与实现（难度级 1）。

通过封装标准格式的 IPv6 分组，理解 IPv6 分组格式、字段含义与功能，加深对 IPv6 协议特点的理解。

4）路由器仿真程序设计与实现（难度级 1）。

通过设计与实现用软件模拟路由器的基本功能，加深对网络硬件设计与实现方法的理解，同时为进一步学习 SDN/NFV 知识奠定基础。

5）发现网络中活动主机程序的设计与实现（难度级 2）。

根据 ICMP 协议原理与功能，设计与实现发现网络中活动主机程序，加深对网络安全与网络管理实现方法的理解。

6）基于 TCP 协议的 Client/Server 程序的设计与实现（难度级 2）。

设计并实现基于 TCP 协议的 Client/Server 程序，深入理解传输层分布式进程通信模式、套接字的原理与实现方法，为开发应用层程序奠定基础。

7）Web 客户机程序设计与实现（难度级 2）。

设计并实现基于 TCP 协议的 Web 客户机程序，深入理解 HTTP 协议基本工作原理与实现方法，为基于 Web 的应用程序开发奠定基础。

8）POP3 客户机程序设计与实现（难度级 2）。

设计并实现基于 C/S 的邮件接收客户机程序，深入理解 E-Mail 系统结构的特点，以及 POP3 协议基本工作原理与实现方法。

9）SNMP 管理器程序设计与实现（难度级 3）。

设计并实现 SNMP 管理器程序，加深对常用的网络管理协议 SNMP 的管理机制与实现方法的理解。

10）基于 Android 终端云笔记客户机程序设计与实现（难度级 3）。

设计并实现基于 Android 终端的云笔记客户机程序，加深移动终端设备与云交互的结构、原理与实现方法，以及对 App 编程基本方法的理解。

11）防火墙程序设计与实现（难度级 3）。

设计并实现防火墙程序，加深对防火墙基本概念、系统结构、网络层包过滤的实现方法，以及对基于防火墙的安全保护体系设计方法的理解。

12）基于 DES 加密的网络聊天程序设计与实现（难度级 3）。

以加密网络聊天程序为任务，研究基于对称分组加密算法 DES 的通信加密应用软件的设计与编程方法，加深对网络安全体系与密码算法应用的理解。

3.10.5 开设建议

1）对于后续开设"网络安全"课程的学校，建议不讲知识单元 7 网络安全，或压缩学时。

2）对于有网络硬件实习环境的学校，建议任课教师适当安排网络硬件实践。

3）对于应用型大学与工程型大学可以不讲或作为讲座介绍知识单元 6 新型网络技术内容。

4）编程训练选题考虑了不同层次网络协议的覆盖，同时考虑到不同类型大学的教学需求，从科研课题中凝练出具有"实战性"的 12 个题目；编程题目分为 3 个难度级。老师可根据教学需要，配合教学进度，选择其中几个题目，分阶段、循序渐进地组织网络软件编程训练。

5）课程考核成绩应体现理论知识与实际动手能力，建议采用期末考试成绩与平时编程训练成绩按一定比例组合的结构化成绩；其中期末考试内容仍然占卷面成绩的一定比例，以强调学生实际工作能力培养的教学导向。

4

算法与软件层课程体系

4.1 简介

4.1.1 课程体系概述

如前所述，随着云计算、大数据、物联网、人工智能等技术浪潮的不断兴起，软件的需求空间被进一步拓展，软件正在成为人类社会的基础设施，计算无处不在、软件定义一切、赋智万物的智能时代正在开启，从而对计算机专业人才的软件能力培养提出了新的需求和挑战。

软件是人类制造的最复杂制品，软件开发和演化是人类的创造性思维活动。软件能力培养包括程序能力、算法能力、系统能力、工程能力和创新能力等方面的培养。程序能力主要涉及程序设计、分析和理解；算法能力体现为针对所解决的问题能够设计算法并能够分析算法的复杂性；系统能力指有效处理和控制软件系统复杂性的能力；工程能力表现为高效、高质量、低成本地开发和演化大规模复杂软件系统的能力。在以上四个方面基本能力的基础上形成的综合能力则是创新能力，创新能力不仅包括解决软件工程前沿挑战问题以及应用领域软件难点问题的能力，而且包括能够不断自我学习新的专业知识和专业相关知识的能力。

算法与软件课程体系是在智能时代计算机专业人才的软件能力培养需求推动下，在上述思想的指导下，针对程序设计、数据结构与算法基础、数据库系统、软件工程等相关课程开展相应优化工作的结果。

4.1.2 优化思路

算法与软件课程体系面向软件能力培养需求，在程序设计、数据结构与算法基础、数据库系统、软件工程四个层面开展相关课程优化，在培养过程中强调专业知识传授、专业知识学习能力培养、创新能力培养三位一体，融合贯通，在解决软件工程前沿挑战问题、应用领域软件难点问题的过程中培养学生的创新能力。

在程序设计层面，主要针对"程序设计"课程进行优化，在程序设计能力培养的基础上，进一步加强程序分析与理解能力的培养，并加强系统程序设计、基于大数据的编程、混源编程等能力的培养。

在数据结构与算法基础层面，主要增加智能时代背景下的应用实例，并适度增加近似算法、随机算法、数据驱动的算法等。

在数据库系统层面，注重数据库系统设计与优化，适度增加新型的数据表示方法，强化设计实践。

在软件工程层面，主要针对"软件工程"课程进行优化，融入适应时代发展的群智开发、开源软件与生态、开发运维一体化等内容，并注重强化大型开源软件开发和维护支撑平台上的工程实践。

4.2 程序设计

4.2.1 课程概述

程序设计作为进行高效软件开发等活动的基础中的基础，是现代软件人才的必备知识，因此程序设计课程是计算机科学与技术及其他计算机类专业的重要基础核心课程。此外，随着智能时代的来临，云计算、大数据、人工智能等新兴软件系统被广泛应用，软件规模以及复杂性不断增大，如何应对大规模复杂软件系统的开发？这些都对软件能力培养提出了新的要求。在此情形下，对程序设计相关知识的掌握、对程序设计实践能力的培养，以及对大规模复杂软件系统的高效设计开发的了解，在计算机及相关专业学生培养中至关重要。

通过本课程的学习，学生将掌握如下知识和具备如下能力：

1）程序设计基础概念与思想；

2）面向对象高级程序设计思想与方法；

3）扎实的基础程序设计以及面向对象程序设计的实践能力；

4）一定规模的复杂软件系统设计与开发能力；

5）并行程序设计基本概念及方法；

6）程序分析与理解、程序测试 / 调试 / 合成等程序设计相关技术发展状况；

7）函数式、逻辑式等其他编程范式的特点、应用。

4.2.2 内容优化

面向智能时代的大背景，为适应新时代程序设计需求，需要对课程内容进行优化。首先，考虑到智能时代下大数据、云计算、人工智能等新应用的发展，本课程体系弱化、删减了面向单机 Windows 的应用程序设计部分内容，包括消息驱动、文档 – 视结构等；同时凝练、整合了模块化、继承、重载、泛型等内容，注重培养学生在复杂系统软件程序设计中运用抽象与封装的能力。

此外，考虑到智能时代下算力的不断丰富，多核 CPU、众核 GPU、大规模集群等成为普遍存在的资源配置，如何充分利用并行计算资源已经成为应用软件的普遍需求，因此本课程中新增了并行程序设计内容，介绍并行程序设计的基本思想与技术。

另外，考虑智能时代软件需求的不断外延，软件复杂度不断增加，软件维护的挑战也越来越大。为此，本课程增加了程序分析、自动测试 / 调试 / 合成等高级程序设计内容，介绍在智能时代大规模软件开发和维护过程中所需的前沿技术。

最后，还加强了编程实践训练与能力培养，将应用与系统编程训练相结合，培养宽视野、多能力、实用型软件人才。

4.2.3　知识结构

本课程由程序设计基础、面向对象程序设计以及高级程序设计三部分组成。

（1）**程序设计基础**　包括程序基础知识、程序流程控制、模块化设计（函数）、数组、指针、结构等。

（2）**面向对象程序设计**　包括数据抽象（类 / 对象）、继承、操作符重载、泛型程序设计、异常处理机制等。

（3）**高级程序设计**　包括并行程序设计、程序分析与理解、程序自动测试 / 调试 / 合成，以及函数式 / 逻辑式程序设计等。

程序设计是一门注重实践、面向应用的课程。本课程体系首先从程序设计基础理论出发，使学生掌握程序设计基础概念与思想。再通过面向对象程序设计内容，让学生了解面向对象程序设计的理念与方法；同时，结合大量的编程实践，培养学生扎实的程序设计能力以及一定程度的大规模复杂软件设计与开发能力。最后，高级程序设计部分从发展视角介绍具有未来实用价值的程序设计新方法，为应对大数据、智能化背景下高效软件开发打下基础。

具体课程知识体系如下：

（一）程序设计基础

知识单元	知识点描述
1. 程序设计基础 最少学时：4 学时	知识点： ● 计算机软硬件、程序设计基本概念 ● C++ 程序基本结构与运行过程 ● C++ 语言基础（基本数据类型、常量、变量、表达式、输入输出等） ● 结构化控制流程及嵌套（顺序、分支、循环流程及应用）
	学习目标： ● 了解程序设计、编程语言等概念 ● 了解 C++ 程序基本结构及运行过程 ● 具备 C++ 基础程序设计与实现能力

（续）

知识单元	知识点描述
2. 模块化程序设计 最少学时：2 学时	知识点： • 函数定义、调用及参数传递 • 嵌套与递归 • 多模块程序设计（局部变量、全局变量、作用域、头文件等） 学习目标： • 了解子程序、模块等概念 • 掌握函数的定义与调用方法、嵌套与递归函数实现"分而治之"的程序设计思想 • 具备利用头文件进行多模块程序设计的能力
3. 数组、指针与引用 最少学时：2 学时	知识点： • 数组（一维、二维数组，字符串等） • 指针（基本操作、参数传递、动态数据类型、变量指针、函数指针等） • 引用 学习目标： • 掌握数组、指针、引用类型的使用方法 • 具备灵活运用数组、指针及引用的能力
4. 结构、联合与枚举 最少学时：2 学时	知识点： • 结构 • 联合 • 枚举 学习目标： • 掌握结构、枚举类型及其应用 • 了解联合类型及其应用 • 具备灵活运用结构、枚举及联合的能力

（二）面向对象程序设计

知识单元	知识点描述
1. 数据抽象——类和对象 最少学时：2 学时	知识点： • 类和对象 • 类成员及其访问控制 • 类对象的构造与清理（构造函数、析构函数、拷贝构造函数等） • 常量对象、静态成员与友元函数 学习目标： • 掌握数据抽象的编程思想 • 具备运用数据抽象思想进行编程的能力
2. 继承——派生类 最少学时：4 学时	知识点： • 单继承 • 访问控制（protected 成员、访问基类等） • 多态和动态绑定（虚函数） • 抽象类与多继承 学习目标： • 掌握单继承的使用、不同访问控制方法的使用、通过虚函数实现消息处理的动态绑定

（续）

知识单元	知识点描述
2. 继承——派生类 最少学时：4 学时	• 掌握抽象类的使用，了解多重继承的使用 • 具备灵活运用继承、派生类等程序设计方法的能力
3. 操作符重载 最少学时：2 学时	知识点： • 操作符重载简介（操作符重载的不同方式） • 双目、单目操作符重载 • 特殊操作符重载
	学习目标： • 了解操作符重载的基本思想和实现方法 • 具备灵活运用操作符重载方法的能力
4. 泛型程序设计 最少学时：2 学时	知识点： • 泛型程序设计基本思想 • 函数模板 • 类模板 • C++ 标准模板库（容器类模板、算法模板、迭代器等）
	学习目标： • 了解泛型程序设计基本思想 • 具备灵活运用类模板和函数模板的能力 • 具备熟练使用 C++ 标准模板库的能力
5. I/O、异常处理 最少学时：2 学时	知识点： • I/O（输入 / 输出） • 异常处理
	学习目标： • 掌握 I/O 使用方法 • 了解异常处理的基本思想 • 掌握 C++ 异常处理机制

（三）高级程序设计

知识单元	知识点描述
1. 并行程序设计 最少学时：2 学时	知识点： • 并行程序简介 • 并行程序设计基本方法
	学习目标： • 了解并行程序设计思想与基本方法 • 具备基础的并行程序设计能力
2. 程序分析与理解 最少学时：2 学时	知识点： • 程序分析与理解简介 • 常见程序分析技术（数据流分析、指针分析等） • 程序分析基本算法 • 程序分析技术难点（精度、效率、可扩展性等） • 高精度、高可扩展性程序分析的实际应用

（续）

知识单元	知识点描述
2. 程序分析与理解 最少学时：2 学时	学习目标： • 了解程序分析的来源、用途以及基本思想 • 掌握常见基本程序分析算法与实现 • 了解程序分析的通用技术难点 • 了解大规模程序分析在实际中的应用
3. 程序自动测试、调试与合成 最少学时：2 学时	知识点： • 自动化测试、调试和自动补全与合成简介 • 自动化测试、调试与合成方法 • 自动化测试、调试与合成的应用
	学习目标： • 了解自动化测试、调试与合成的思想 • 掌握自动化测试、调试与合成的基本方法 • 了解自动化测试、调试与合成的技术难点与挑战 • 了解自动化测试、调试与合成的应用情况
4. 程序设计范式 最少学时：2 学时	知识点： • 程序范式简介 • 函数式程序设计 • 逻辑式程序设计
	学习目标： • 了解不同程序范式的概念及特点 • 了解函数式程序设计 • 了解逻辑式程序设计

4.2.4　课程实践

　　课程实践依据课程内容设置不同难度，针对不同内容编写训练的实践题目。采用课后编程练习、上机限时测验、课程项目相结合的方式进行。课后作业布置与讲授知识点对应的编程练习题目，通过编程实践增强对知识点的理解；每周或两周一次安排编程上机测验，要求学生在规定的时间内完成一定难度的程序设计题目，检测与锻炼学生的编程熟练度；另外，以组队或单人的方式完成具有一定规模与难度的课程设计项目，锻炼学生系统程序设计与开发能力。

　　具体题目设置参考如下：

　　（1）**程序设计基础课程实践**　以多函数实现、递归、基本数据机构等为主要考查点，让学生设计实现简单模块化程序。

　　（2）**面向对象程序设计课程实践**　以涉及多对象交互的游戏软件（如植物大战僵尸、坦克大战等）、管理软件（如学生管理系统、图书管理系统等）、编辑软件（如Markdown 编辑器、画图器）等为实现目标，锻炼学生面向对象程序设计的能力。

（3）**并行程序设计实践**　以并行程序设计为主要考查点，设计实现并行排序算法、并行矩阵运算、并行文档处理等。

（4）**程序分析与理解实践**　基于简单编译框架，实现简单的动/静态程序分析，如动态插桩获取程序执行信息，静态数据流分析，指针分析等。

4.2.5　开设建议

本课程适用于计算机科学与技术专业、软件工程专业以及相关方向的本科学生，其中程序设计基础部分内容对于与编程相关的其他学科学生同样适用。

具体开设建议：

1）对于研究型大学计算机科学与技术、软件工程专业，如后续开设有程序分析/软件分析等高级程序设计课程，第三部分中的程序分析与理解、程序测试/调试/合成可以适当缩减学时或者不讲，相关程序分析实践可以不做。

2）对于工程型、应用型大学，高级程序设计部分可以整体不讲，并行程序设计实践及程序分析实践可以不做。

3）对于偏向系统底层编程应用的相关方向，如自动化、微电子等专业，面向对象及高级程序设计可以酌情缩减学时或者不讲，相应程序设计实践可以不做。

4.3　数据结构与算法基础

4.3.1　课程概述

数据结构是计算机科学与技术、软件工程以及相关学科的重要专业基础课程，它定义了计算机存储与组织数据的方式；算法是相关学科的专业核心课程，算法知识描述了利用计算机解决问题的策略机制。对于信息领域的人才来说，数据结构与算法是必须掌握的基础知识与必要技能。随着时代的发展以及面向对象技术的普及，数据结构与算法知识的融合度越来越高，许多高等院校在实践中已将其合并为一门课程，即数据结构与算法基础。在智能时代到来之际，软件系统的规模和复杂性不断增大，云计算、大数据、人工智能等新兴软件系统与技术逐步得到了广泛应用。在这一新形势下，如何为新兴软件、大规模复杂软件系统设计合理的数据结构与算法，对计算机领域的人才培养提出了新的要求。因此，具备与智能时代相适应的数据结构及算法基础能力，在本时期计算机相关专业的学生培养中变得尤为重要。

　　本课程旨在培养适应智能时代的计算机科学与技术、软件工程相关方向的本科学生，以及其他计算机类专业的本科学生，使他们具备适应时代要求的数据结构与算法的相关理论和实践能力。本课程是计算机理论与实践并重的课程，既有完备的理论与方法，同时与软件实践密切结合，目标是培养学生计算解决实际问题的能力。例如，算法复杂度知识、图结构与图论的关系等知识点均具有一定的理论背景，但最短路径等算法则具有明确的实践意义，将要求学生以上机实践的形式加以掌握。此外，本课程具有时代性，引入了非确定性算法知识，强调搜索树、优化算法等知识点，可为智能时代背景下的人才培养打下坚实基础，使学生在后续云计算、大数据、人工智能的学习中更加得心应手。

　　在培养方式上，本课程可以采用课堂授课、课后作业、上机实践、综合设计相结合的方式，其中课堂授课、课后作业可以很好地帮助学生掌握数据结构与算法的理论知识，上机实践、综合设计可以很好地检测学生对于数据结构的熟悉程度并锻炼学生的实践开发能力。

4.3.2　内容优化

　　为了适应智能时代的发展需要，本课程应在保留经典数据结构与算法知识的前提下，改革教学内容，使教学内容与时俱进，满足新型系统与应用需求，使学生具备与智能时代相适应的数据结构与算法基础能力。课程整体内容优化的思路在于，将智能时代下云计算、大数据、人工智能等新兴领域的典型算法融入数据结构与算法的经典知识中进行讲解；强调并优化数据结构与算法的软件工程背景；适度简化不常用的具体数据结构与算法实例。具体来说，对本课程的教学内容做以下的调整：

　　1）适度减少并弱化智能时代下不常用的数据结构与算法：包括删除广义表，删除 AOE 网络的关键路径算法，简化线性表数组实现。广义表与 AOE 关键路径算法本身并不影响本课程体系，且与当前新技术的关系较远，故而删去；线性表的数组实现在程序设计相关课程中已经涉及，故而在本课程中可做适度简化。

　　2）结合智能时代特征，对内容进行凝练：包括强调数据结构与算法的层次性，简化数据结构与算法实例中的编程技巧。在新时代背景下，数据结构与算法的层次性随着软件规模和复杂性的增加而变得尤为重要，而编程技巧带来的效率问题随着计算机设备的发展变得不再突出。通过这样的调整，使本课程内容更为集中，符合时代需要。

　　3）增加与强调智能时代相关的数据结构与算法内容：包括增加智能领域常常用到的非确定性算法基础知识，强调搜索算法、搜索树，增加优化算法基础。这些内容与智能时代下云计算、大数据、人工智能等技术密切相关，强调与增加这些内容可以帮助学生掌握和时代背景相结合的数据结构与算法知识，为后续课程的学习打下坚实基础。

4.3.3　知识结构

（一）线性数据结构

知识单元	知识点描述
1. 抽象数据类型与基本数据结构的概念 最少学时：4 学时	知识点： • 数据概念 • 数据结构的定义 • 数据结构的用途 • 抽象数据类型的描述 • 面向对象与数据结构的关系
	学习目标： • 深入理解数据结构的概念和定义 • 深入理解数据结构在软件开发与软件运行中的作用和意义 • 了解抽象数据类型的概念 • 学会运用抽象数据类型来描述数据结构 • 理解面向对象和数据结构的关系
2. 线性表及其基本操作 最少学时：3 学时	知识点： • 数据逻辑结构与物理结构 • 线性表的基本操作 • 线性表的数组实现 • 线性表的单链表实现
	学习目标： • 理解逻辑结构与物理结构的联系和区别 • 深入理解线性表及其基本操作 • 掌握线性表的数组实现 • 掌握线性表的单链表实现
3. 栈和队列 最少学时：2 学时	知识点： • 栈的抽象数据类型与操作 • 队列的抽象数据类型与操作 • 栈和队列的应用
	学习目标： • 熟练掌握栈的类型与操作 • 熟练掌握队列的类型与操作 • 理解栈与队列操作的算法复杂度 • 理解栈与队列的应用
4. 散列表 最少学时：4 学时	知识点： • 散列表的定义与设计目标 • 散列表的相关操作 • 散列表相关操作的复杂度

（续）

知识单元	知识点描述
4. 散列表 最少学时：4 学时	学习目标： ● 理解散列表的相关概念 ● 理解散列表的设计目标 ● 掌握散列表的相关操作 ● 深入理解散列表相关操作的算法复杂度

（二）非线性数据结构

知识单元	知识点描述
1. 树的基本操作 最少学时：3 学时	知识点： ● 树的相关概念和定义 ● 二叉树的定义与概念 ● 二叉树的相关性质 ● 二叉树的数组表示 ● 二叉树的邻接表表示 ● 树的遍历操作与应用
	学习目标： ● 掌握树的相关概念（层次、高度、度数、树叶、树根等） ● 熟悉二叉树的定义与概念 ● 熟悉二叉树的相关性质 ● 熟悉二叉树的数组表示和邻接表表示 ● 熟练掌握树的遍历算法
2. 树的进阶结构 最少学时：10 学时	知识点： ● 搜索树 ● 二叉搜索树 ● 平衡二叉搜索树（AVL 树）及其操作 ● B 树和 B+ 树
	学习目标： ● 掌握搜索树和二叉搜索树的相关概念 ● 掌握平衡二叉搜索树的相关操作 ● 了解 B 树和 B+ 树及其相关操作
3. 图的基本结构 最少学时：3 学时	知识点： ● 图的定义和基本概念 ● 图的邻接矩阵和邻接表表示 ● 图的遍历与连通性
	学习目标： ● 掌握图的定义及相关概念（顶点、边、多重图、完全图、入度、出度、度数、路径、回边等） ● 熟练掌握图的邻接矩阵和邻接表表示方法，以及其相关操作 ● 熟练掌握图的遍历算法 ● 熟练掌握图的连通性及其相关概念

（续）

知识单元	知识点描述
4. 图的进阶操作 最少学时：10 学时	知识点： ● 图的最小生成树算法 ● 图的最短路径算法 ● 图的拓扑排序算法 ● 活动网络及其相关操作
	学习目标： ● 掌握最小生成树算法（Prim、Kruskal 算法） ● 掌握各最短路径算法及其适用范围（Dijkstra、Bellman Ford、Floyed 算法） ● 掌握拓扑排序的概念和算法 ● 掌握活动网络及其相关操作
5. 其他非线性结构 最少学时：4 学时	知识点： ● 并查集 ● 十字链表 ● 衍生数据结构
	学习目标： ● 掌握并查集的抽象结构与操作 ● 掌握十字链表的结构和操作 ● 了解数据结构的衍生方式

（三）算法基础

知识单元	知识点描述
1. 算法基本概念 最少学时：4 学时	知识点： ● 算法定义与概念 ● 算法的主要描述方式 ● 算法的相关数学基础 ● 非确定性算法基础
	学习目标： ● 理解算法的定义与相关概念 ● 掌握算法的代码、伪代码、自然语言等多种描述方式 ● 掌握数学归纳法、反证法、指数对数运算、数列求和运算等算法分析的数学基础
2. 算法分析基础 最少学时：3 学时	知识点： ● 算法分析概念与意义 ● 算法分析的相关指标 ● 算法分析的常用方法 ● 算法分析示例
	学习目标： ● 理解算法分析的概念和用途 ● 掌握算法分析的主要指标，包括大 O 表示法、Θ 表示法、Ω 表示法，以及小 o 表示法等 ● 掌握常用的算法分析表示方法

（续）

知识单元	知识点描述
3. 算法实例 最少学时：4 学时	知识点： • 查找算法（顺序查找、折半查找） • 排序算法（冒泡、选择、插入、快速、归并） • 优化算法
	学习目标： • 深入理解各种查找与排序算法 • 比较各种查找与排序算法的优缺点 • 体会算法的理论上界，以及算法设计的演变过程
4. 算法思想导引 最少学时：6 学时	知识点： • 递归思想 • 分治思想 • 贪心思想 • 动态规划思想
	学习目标： • 了解算法思想及其用途 • 了解常用的算法思想及其含义

4.3.4　课程实践

课程实践主要以上机的形式进行，旨在培养学生扎实的开发能力以及在程序设计中驾驭数据结构的能力。下面按照由浅入深的次序给出 5 个类别的实践建议，各高校可以在具体实践中加以调整。

（1）**数据结构基础实践**　旨在帮助学生从整体上对数据结构有一个简单的基本理解，要求学生编写程序来处理最基本的数据结构，体会程序特点以及程序算法结构的改变对运行结果的影响。具体要求学生掌握数据类型的使用和转换；可以自己定义复杂数据类型，要求掌握类型的各种操作。本实践类别能够训练学生基本的数据类型抽象能力，为后续数据结构的学习打下坚实的基础。

（2）**线性数据结构实践**　可以通过约 3 次实践课程，由浅入深地锻炼学生对数组、单链表、双向链表、循环链表、散列表、栈和队列的运用能力。本实践类别旨在训练学生综合运用线性数据结构的能力，包括要求学生独立实现各类型的增、删、改、查等操作，并通过测试进行验证。经过该实践，学生能够清晰地认识到数组、单链表、双向链表、循环链表、散列表、栈和队列等数据结构具有怎样的特点，并能够综合运用这些线性结构来解决实际问题。

（3）**非线性数据结构实践**　可以通过约 5 次实践课程，由浅入深地锻炼学生对二叉树、线索化二叉树、平衡二叉搜索树、霍夫曼树、B 树、B+ 树、堆、图、加权图、活动网络等非线性数据结构的运用能力。本实践类别重点锻炼学生针对复杂数据结构的综合能力，包括实现各复杂数据结构的表示（链接表示、邻接表表示、左子女 – 右兄弟表示、邻接矩阵表示等）和操作（遍历、搜索、路径分析、最小生成树等)，使学生能够自己设计复杂数据结构来解决实际问题。

（4）算法基础实践　通过约 2 次实践课程，帮助学生定性理解算法的基本概念，包括时间复杂度、空间复杂度等。能够通过实践来分析对应的复杂度，例如由一个已知程序获得其任意语句在当前执行下的执行次数，并能够通过实践获得程序占用的内存空间。本实践类别旨在训练学生对基本算法（例如常用的排序算法，递归、贪心策略等）的实现能力和应用能力。

（5）算法进阶与非确定性算法实践　通过约 2 ~ 3 次实践课程，进一步提高学生在复杂算法上的实践能力。使学生能够综合运用各种算法策略（如分治、动态规划等）设计自己的算法来解决实际需求。结合当前的智能环境，适度鼓励学生阅读并实现一些非确定性搜索算法，使学生在实践中增强对非确定性问题的理解，为新时代后续课程的进一步学习打下坚实基础。

4.3.5　开设建议

1）本课程整体上仍属于专业基础课程。对于有一定难度的知识点，例如高级非确定性算法知识，建议另外开设高年级课程来进行讲解。

2）知识结构中，其他非线性结构、算法思想导引属于可选内容，建议任课教师根据实际条件和情况进行调整。

3）课程考核成绩应体现学生理论知识与实际动手能力的总体水平。建议采用结构化成绩，其中课程实践的成绩应占总成绩的一定比例，以强调培养学生实践能力的教学导向。

4.4　数据库系统

4.4.1　课程概述

"数据库系统"是计算机科学与技术、软件工程、信息系统与信息管理等专业的重要基础课程，存在知识更新快、实际操作多、应用方面广等特点。本课程以理论联系实际应用为主题，系统地讲述数据库系统的基础理论、基本技术和基本方法，并拓展介绍主流的商用数据库系统。本课程将培养学生掌握数据库系统的使用、设计与实现的能力，为后续进一步开发设计大型信息系统奠定基础。

4.4.2 内容优化

在理论授课过程中，及时补充当下的数据库应用实例与发展趋势（如 DB 与 AI 结合研究、大数据管理研究等），特别要介绍国产数据库系统（如 GaussDB、OceanDB 等），让学生对当前数据库的实现与未来的发展有清晰的认识和深入的了解。

在编程实践上，组织完成具有实践意义的数据库设计作业，让学生熟练掌握数据库的设计与使用，学以致用，活学活用。

在日常作业配置上，减少课后作业中简单论述的题目，增加应用实例和需理解才能完成的题目。

在整体的课程内容设计上，强调前后知识的贯通，着重培育数据库系统设计的思维与能力。

4.4.3 知识结构

本课程由数据库基础、数据库设计、数据库实现技术三部分组成。

（1）**数据库基础** 包括概述、关系数据库基础、关系数据库语言 SQL、关系数据库编程、数据库安全性与完整性等。

（2）**数据库设计** 包括关系数据库理论和数据库设计方法。

（3）**数据库实现技术** 包括查询处理与查询优化、事务处理与故障恢复、并发控制等。

数据库系统是理论性和实践性都比较强的课程。本课程首先从数据库基础出发，使学生掌握数据库的基本概念、使用方法和开发方法；进而，通过数据库设计理论，使学生掌握高级数据库的分析和设计方法；最后，介绍数据库的内核实现技术，使学生对数据库系统有深入了解，建立关于数据库自顶向下的全面认识，为大数据时代的高性能数据库开发与应用打下基础。

在教学上有如下建议：

1）在数据库概述方面，结合当前先进的数据管理技术与发展内容加以介绍，使学生了解数据库技术在当前信息技术发展中的位置和发展进度。

2）在介绍数据库系统时，建议从数据库实现的角度，为学生演示 SQL 语言执行背后的系统实现流程，使学生对如何更好地设计并应用一个数据库系统有清晰的认识。

3）对于理论方面的内容，如关系理论，在讲解过程中要贯穿具体实例，做到理论结合实际，以帮助学生理解。

4）对于设计和编程方面的内容，如 SQL 编程，在讲解过程中应重点介绍其思想和使用方法，需配合实践部分对具体技术进行练习与熟悉。

5）对于数据库实现方面的内容，讲解时可按需补充数据库底层存储的物理结构（如索引结构）、查询的执行计划和事务的底层执行过程（如进程和线程调度）。

具体课程知识体系如下：

（一）数据库基础

知识单元	知识点描述
1. 概述 最少学时：4 学时	知识点： ● 数据库系统基本概念 ● 数据库系统的结构 ● 数据库技术的研究领域（如新的大数据管理技术、数据库与 AI 结合等） ● 数据库技术发展趋势（如 NewSQL、多模态数据、新硬件支持等） 学习目标： ● 了解数据库技术的发展、作用、典型产品、研究领域及发展趋势 ● 掌握数据库系统的体系结构 ● 掌握数据库中的一些基本概念：数据、语义、数据库、数据库系统等
2. 关系数据库基础 最少学时：4 学时	知识点： ● 关系模型 ● 关系代数（传统的集合运算、专门的关系运算） ● 关系演算（元组关系演算、域关系演算） ● 关系数据库的物理组织 ● 其他数据存储模型介绍（如 KV 数据模型、图模型等） 学习目标： ● 掌握关系模型的基本概念和物理组织 ● 掌握关系代数中的 8 种运算 ● 了解关系演算 ● 了解当前流行的其他大数据存储模型
3. 关系数据库语言（SQL） 最少学时：8 学时	知识点： ● SQL 概述 ● SQL 数据定义语言（DDL） ● SQL 数据操纵语言（DML） ● SQL 数据查询语言（DQL） ● SQL 数据控制语言（DCL） ● 视图功能 学习目标： ● 了解 SQL 语言的分类及其特点 ● 掌握 SQL 的定义语句、操纵语句和查询语句，尤其是查询语句 ● 理解 SQL 控制语句和视图的操作原理

（续）

知识单元	知识点描述
4. 数据库编程方法（SQL 编程） 最少学时：4 学时	知识点： • SQL 编程方法概述 • 嵌入式 SQL • 存储过程 • ODBC 编程 • JDBC 编程
	学习目标： • 了解 SQL 编程方法 • 理解嵌入式 SQL 的含义，以及主语言与嵌入式 SQL 的交互过程 • 理解存储过程和 ODBC、JDBC 连接数据库的方法

5. 数据库安全性与完整性
最少学时：4 学时
	知识点：
	• 数据安全性
	  ■ 数据库安全性控制
	  ■ 视图机制
	  ■ 审计
	  ■ 数据加密
	  ■ 其他数据安全问题
	• 数据完整性
	  ■ 完整性约束机制
	  ■ 完整性约束规则
	  ■ 触发器约束

	学习目标： • 了解数据库的安全技术 • 理解数据库安全访问控制机制 • 理解完整性约束定义、检查和违约处理机制 • 掌握完整性约束规则 • 理解触发器约束的应用

（二）数据库设计

知识单元	知识点描述
1. 关系数据库理论 最少学时：6 学时	知识点： • 函数依赖 • 2NF、3NF、BCNF、4NF • 数据依赖的公理系统 • 模式分解
	学习目标： • 理解数据规范化的原因 • 理解函数依赖、码、范式的概念 • 掌握 2NF、3NF、BCNF 的规范化过程 • 掌握 Armstrong 公理系统 • 理解模式分解的概念和作用，理解模式分解算法

（续）

知识单元	知识点描述
2. 数据库设计方法 最少学时：6 学时	知识点： • 数据库设计概述、需求分析 • 概念结构设计、逻辑结构设计（E-R 设计、E-R 转换为关系模型、模型优化） • 物理结构设计、数据库的实施和维护
	学习目标： • 理解数据库设计的各个阶段的任务和方法 • 掌握概念结构设计中 E-R 图的设计与数据模型的优化 • 理解数据库的物理结构设计 • 了解数据库的实施过程及数据库的维护内容

（三）数据库实现技术

知识单元	知识点描述
1. 查询处理与查询优化 最少学时：4 学时	知识点： • 查询处理 　■ 查询处理过程 　■ 查询代价估算 　■ 基本运算的实现（选择、连接） • 查询优化 　■ 关系表达式转换 　■ 启发式优化 　■ 基于代价的优化 　■ 结合 AI 的优化概述
	学习目标： • 理解查询处理过程和查询优化的必要性 • 掌握查询优化步骤 • 理解查询代价的评估方法 • 掌握启发式优化方法 • 理解基于代价的优化方法 • 了解结合 AI 的优化思想
2. 事务处理与故障恢复 最少学时：4 学时	知识点： • 事务的基本概念 • 数据库可靠性概述 • 故障的种类 • 恢复的实现技术 • 具有检查点的恢复技术 • 数据库镜像
	学习目标： • 理解事务概念以及事务的四个特性（原子性、一致性、隔离性和持久性） • 理解数据库可靠性和三种故障类型（事务故障、系统故障和介质故障） • 理解检测点的作用，掌握数据库三种典型故障的恢复策略 • 了解数据库镜像概念及其作用

(续)

知识单元	知识点描述
3. 并发控制 最少学时：6 学时	知识点： • 并发控制概述 • 封锁与封锁的粒度 • 封锁协议 • 活锁和死锁 • 并发调度的可串行性 • 两阶段封锁协议 • 基于时间戳的并发控制方法
	学习目标： • 理解封锁的含义 • 掌握封锁协议及可以避免的错误类型 • 理解死锁和活锁的含义和相应的解决方法 • 理解可串行性概念，掌握两阶段封锁协议 • 理解基于时间戳的并发控制方法

4.4.4　课程实践

学生可以选择一种或多种数据库系统进行实践，如 SQL Server、GaussDB、MySQL、postgreSQL 等。建议以某一种数据库系统为主、其他数据库系统为辅，进行课程实践。

一方面，对数据库系统进行安装、设计与使用，完成具有实践意义的实验项目，从应用的角度认识数据库系统在当下数据管理技术发展中的重要地位与重要意义。

另一方面，通过理论授课与学生课后上机实践相结合，帮助学生更好地消化吸收课程知识，充分理解数据库系统的核心知识。通过掌握 DBMS 常用工具、安装其他类型数据库、SQL 操作、查询优化、SQL 高效查询、数据库恢复与并发控制等实践，增强学生的动手能力。

1. 初识 DBMS

要求学生选择一个数据库系统，熟悉数据库系统的安装和使用。下面以 SQL Server 数据库系统为例给予介绍。

背景：SQL Server 作为一个 DBMS 系统，包括很多有用的组件和管理工具。SQL Server 不仅提供了用于数据存储的数据库引擎，而且还提供了对数据进行数据挖掘、形成报表、数据备份和迁移的一整套组件。给予了用户对数据存储、分析的强大支持。SQL Server 提供了十分直观、便捷的图形化工具，让用户可以轻松驾驭它。

实践目标：熟悉 DBMS 的安装和基本参数配置、SSMS 的一些基本操作，了解数据库系统各个组件、文件与文件组、各个系统表的作用和用途。实际操作和掌握数据库的备份与恢复、SQL Server profiler 和执行计划查询。

实践内容：安装 SQLServer（如 SQLServer 2019）并进行基本配置，查看数据库组件与文件，备份恢复数据库，简单查看查询计划。

完成方式：实践文档（记录实践过程，并对各活动（包括错误活动）做分析说明）。

2. 掌握 DBMS 常用工具

背景：DBMS 常用工具是管理数据库文件、临时文件、数据字典（系统表）的重要工具，通过让学生掌握 DBMS 常用工具来加深他们对 DBMS 的理解。

实践目标：加深学生对 SQLServer 的理解，考查学生的 SQLServer 使用能力。

实践内容：用 SQLServer 操作数据库文件、临时文件、数据字典（系统表），并记录操作过程。

完成方式：实践文档（记录实践过程，并对各活动（包括错误活动）做分析说明）。

3. 安装其他类型数据库

背景：除了 SQLServer 之外还有其他关系数据库系统，比如 GaussDB、MySQL、postgreSQL 等，对它们的理解有助于加深对关系数据库的理解。

实践目标：了解多种数据库类型，掌握不同数据库系统的安装。

实践内容：安装 GaussDB、MySQL 和 postgreSQL 数据库系统并记录操作过程。

完成方式：实践文档（记录实践过程，并对各活动（包括错误活动）做分析说明）。

4. SQL 操作

背景：SQL（结构化查询语言，Structured Query Language）是一种数据库查询和程序设计语言，用于存取数据以及查询、更新和管理关系数据库系统。SQL 包括四种主要程序设计语言类别的语句：数据定义语言（DDL）、数据操作语言（DML）、数据查询语言（DQL）及数据控制语言（DCL）。

实践目标：熟悉 SQL 中 DDL 的功能，熟悉并掌握数据库中各种完整性约束条件的作用和使用方法，观察和了解数据定义时数据字典（系统表）的变化，熟悉 SQL 中 DML 和 DQL 的功能，初步了解如何进行查询优化，初步了解 SQL 语句的查询计划。

实践内容：用 SQL 语句完成 DDL、DML 和 DQL 所有步骤，并在实践报告中记录每条语句。每个操作完成之后，观察相关系统表的改变并分析原因。

完成方式：实践文档（记录实践过程，并对各活动（包括错误活动）做分析说明）。

5. 查询优化

背景：SQL 语句的优化是将性能低下的 SQL 语句转换成目的相同的性能优异的

SQL 语句。

实践目标：明确查询优化的重要性，理解代数优化与物理优化方法，学习在查询中使用较优的方法。理解并掌握选择运算和连接运算的执行过程，掌握不同选择运算操作，即表扫描和索引扫描的适用条件，掌握不同连接运算操作，即嵌套循环连接、归并连接和散列连接的适用条件，掌握不同选择运算和连接运算的代价估计过程。

实践内容：分别测试逻辑优化和物理优化并记录过程。

完成方式：实践文档（记录实践过程，并对各活动（包括错误活动）做分析说明）。

6. SQL 高效查询

背景：现实生活中的很多实际问题可以用数据库的知识来解决，数据库会带来想象不到的效率。

实践目标：把数据库的知识应用到实际的问题当中，进一步理解数据库。

实践内容：根据给定的实际例子写出对应的 SQL 语句。

完成方式：实践文档（记录实践过程，并对各活动（包括错误活动）做分析说明）。

7. 数据库恢复与并发控制

背景：数据库恢复与并发控制在数据库理论当中是很重要的一部分，是实际应用所不可缺少的。

实践目标：通过实际操作掌握数据库系统的备份与恢复，理解数据库系统的并发控制方法。

实践内容：分别操作数据库系统备份、数据库系统还原及并发控制（事务处理）。

完成方式：实践文档（记录实践过程，并对各活动（包括错误活动）做分析说明）。

4.4.5　开设建议

本课程由数据库基础、数据库设计、数据库实现技术三部分组成。对于不同层次的学校和学生可以采取灵活的、因地制宜的教学方案，合理选择教学和学习内容。具体开设建议如下：

1）对于应用型高校，建议重点介绍数据库基础和数据库设计内容，侧重系统的应用与实现，主要包括关系数据库、数据库语言 SQL、数据库设计、数据库编程、关系查询处理和查询优化等内容。

2）对于研究型高校，建议从关系数据库的基本理论出发，详细介绍关系数据库理论部分和数据库实现技术部分，并对数据库相关方向的最新科学研究进展进行适当讲解和合理补充。

3）对于计算机类不同的专业，建议合理组织相关内容。例如，计算机科学与技术专业可适度增加数据库系统实现的相关内容，要求学生掌握数据库系统实现的基本原理，同时增加大数据发展与处理的相关内容，介绍其与当前课程的联系。而对于统计等非计算机专业，建议增加数据库使用实例，以确保数据库如何使用的相关内容能被深入掌握。

4.5 软件工程

4.5.1 课程概述

软件工程是计算机大类专业的一门核心专业课程，也是一门实践性要求非常高的课程。该课程教学旨在向学生深入介绍软件系统的概念和特点以及软件工程的思想和方法，系统讲授软件开发、管理与维护的技术、原则和工具，包括需求分析、软件设计、编码测试、质量保证、团队协作等，培养学生软件工程方面的多种能力和素质，包括解决复杂工程问题的能力、系统能力、创新实践能力等。

当前我们已经进入一个人机物高度融合、软件定义一切的智能时代，软件系统在信息系统中的地位和作用变得越来越重要，软件系统自身的规模、复杂性和形态发生了深刻的变化，如软件与物理系统、社会系统紧密地结合在一起，软件需要分布式部署和运行以及长期演化，软件系统表现为一类社会技术系统和系统之系统等，支持软件系统开发和运维的软件工程方法也在发生变化，如敏捷软件开发方法、群体化软件开发方法、DevOps 软件开发方法等。

4.5.2 内容优化

随着智能时代软件系统的变化以及由此带来的开发挑战，近年来软件工程专业和学科发展迅速，产业界所采用的软件工程方法和技术也在发生变化。为此，软件工程课程的知识点、培养目标和要求等也需要随之进行调整和优化。

1）弱化和减少以瀑布模型为代表的软件开发模型知识点、结构化软件开发方法学知识点；强化敏捷软件开发、群体化软件开发等新颖软件开发方法知识点，并加强这些知识点在课程实践中的应用。

2）由于软件系统规模越来越大，运行环境异构和多样，软件系统的交付和部署要求越来越高，因而需要强化软件交付和部署的知识点。

3）长期持续运行和维护是当前软件系统的一个基本特征，需强化有关软件自动化运维、DevOps 等方面的知识点。

4）考虑到开源软件在软件工程实践中的重要性，需强化有关开源软件及其应用的知识点，并探索其在课程实践中的应用。

5）需结合当前软件形态和复杂性的变化，进一步强化软件工程课程实践，提升实践任务的规模、复杂性和质量等方面的要求，突出软件工程知识点在课程实践中的运用，关注学生软件工程能力和素质的培养。

4.5.3　知识结构

（标 * 为可选内容。）

（一）软件工程概述

知识单元	知识点描述
软件工程的概念、目标、原则和职业道德 最少学时：2 学时	知识点： • 软件概念、特点和分类 • 软件工程概念 • 软件工程目标与原则 • 软件工程职业道德规范
	学习目标： • 理解软件的概念及特点 • 理解软件工程概念、产生背景、发展史 • 理解并能运用软件工程的目标、原则 • 理解软件工程从业人员需遵守的法律、法规和职业准则

（二）软件过程

知识单元	知识点描述
软件过程的概念以及基于软件过程的软件开发 最少学时：3 学时	知识点： • 软件生命周期 • 软件过程模型 • 敏捷开发方法（*，2 学时） • 持续集成与交付 DevOps（*，2 学时） • 群体化软件开发方法（*，2 学时）
	学习目标： • 理解软件生命周期、软件过程模型等概念及典型的软件过程模型 • 理解并能运用敏捷开发方法的概念、思想和过程 • 理解 DevOps 的概念、方法、思想和过程 • 理解并能运用群体化软件开发方法的概念、思想和过程

（三）软件开发方法

知识单元	知识点描述
结构化和面向对象软件开发方法 最少学时：3 学时	知识点： • 结构化软件开发方法的基本概念、思想和建模语言（*，2 学时） • 面向对象软件开发方法的基本概念、思想和建模语言 UML
	学习目标： • 理解并能运用结构化软件开发方法的相关概念、思想、过程及建模语言 • 理解并能运用面向对象软件开发方法的相关概念、思想、过程及建模语言 UML

（四）软件需求分析

知识单元	知识点描述
软件需求概念及分析方法、软件需求文档编制和评审 最少学时：7 学时	知识点： • 软件需求分析基础 • 软件需求获取方法 • 面向对象需求分析方法 • 结构化需求分析方法（*，4 学时） • 软件需求文档 • 软件需求评审
	学习目标： • 理解软件需求概念、类别及特点，软件需求分析的任务、目标、过程和原则 • 理解软件需求获取的任务、方法和原则 • 理解并能运用面向对象需求分析的概念、过程、策略和建模语言 • 理解并能运用结构化需求分析的概念、过程、策略和建模语言 • 理解并能开展软件需求文档的编制及评审

（五）软件设计

知识单元	知识点描述
软件设计概念及方法、软件设计文档编制和评审 最少学时：7 学时	知识点： • 软件设计基础 • 软件概要设计 • 用户界面设计 • 软件详细设计 • 面向对象软件设计方法 • 结构化软件设计方法（*，4 学时） • 基于模式的软件设计方法（*，2 学时） • 软件设计文档 • 软件设计评审
	学习目标： • 理解并能运用软件设计概念、任务、过程、要求和原则

（续）

知识单元	知识点描述
软件设计概念及方法、软件设计文档编制和评审 最少学时：7 学时	• 理解并能运用面向对象软件设计概念、过程和策略，结构化概要设计语言、过程、模型和策略 • 理解并能开展软件设计文档的编制及评审

（六）编码实现

知识单元	知识点描述
编码实现方法和代码重用 最少学时：3 学时	知识点： • 编码实现基础 • 编码规范与风格 • 代码重用
	学习目标： • 理解并能运用编码实现的概念、任务、要求和原则 • 理解并能运用程序代码的质量要求、编码规范、代码风格 • 理解程序代码重用的方式和方法、开源代码重用，能在软件开发实践中重用代码

（七）软件测试

知识单元	知识点描述
软件测试概念、过程与策略，以及软件测试技术、非功能测试技术 最少学时：6 学时	知识点： • 软件测试基础 • 软件测试过程与策略 • 软件测试技术 • 非功能测试技术
	学习目标： • 理解软件错误和软件测试的概念、软件测试任务、软件测试充分性概念和覆盖准则、软件测试原理 • 理解软件测试过程，以及单元测试、集成测试、系统测试、确认测试的实施策略，理解回归测试，能在软件开发实践中应用软件测试策略 • 理解白盒测试技术、黑盒测试技术、面向对象软件测试技术，了解软件测试工具，能在软件开发实践中应用软件测试技术和工具开展软件测试 • 理解非功能（如性能、安全性、压力等）软件测试技术，在软件开发实践中开展非功能测试

（八）软件交付和部署

知识单元	知识点描述
软件交付和部署 最少学时：2 学时	知识点： • 软件交付和部署的概念、任务与方法
	学习目标： • 理解软件交付和部署的概念、任务与方法，在软件开发实践中交付和部署软件系统

（九）软件维护

知识单元	知识点描述
软件维护概念、软件维护过程与策略、软件维护技术、软件自动化维护 最少学时：2 学时	知识点： • 软件维护基础 • 软件维护过程与策略 • 软件维护技术 • 软件演化 • 软件自动化运维
	学习目标： • 理解软件维护和可维护性的概念、软件维护类别、软件维护副作用、影响软件可维护性的因素 • 理解软件维护的任务、过程、活动和原则，及软件维护的实施策略 • 理解程序理解、软件再工程、逆向工程、软件重构等软件维护技术 • 理解软件演化的概念、方式及策略选择 • 理解软件版本更新、软件运行状态监控、软件运行优化，了解软件运维自动化工具

（十）软件项目管理

知识单元	知识点描述
软件项目管理的概念、任务和方法 最少学时：3 学时	知识点： • 软件项目管理基础 • 软件配置管理 • 软件质量保证（＊，2 学时） • 软件项目进度管理（＊，2 学时） • 软件项目团队管理（＊，2 学时） • 软件过程管理与改进（＊，2 学时）
	学习目标： • 理解软件项目管理的概念、任务、内容和原则 • 理解软件配置和配置项的概念，及软件配置管理的概念、任务、方法和工具，在软件开发实践中对软件制品等进行配置管理 • 理解软件质量保证的计划和方法，在软件开发实践中对软件制品等进行质量保证 • 理解软件项目进度的计划、实施、跟踪和调整，在软件开发实践中对软件制品等进行跟踪和挑战 • 理解软件项目团队的组织、交流和合作，在软件开发实践中开展团队管理 • 理解软件过程管理、改进和评价的概念，以及以 CMM 为代表的软件过程改进模型与思想

4.5.4　课程实践

实践教学是软件工程课程教学中的一个重要环节，其目标是通过软件开发实践帮助学生加强对软件工程知识点的理解，掌握并运用软件工程方法、技术和工具来开发软件系统，在实践中体验软件开发的实际场景、软件开发的核心环节及面临的各种挑战，培养学生解决复杂工程问题等方面的能力以及让学生养成良好的软件工程素养。

软件工程课程的实践教学需覆盖基础实践内容，以确保实践教学的成效以及达成课程教学的基本目标。

1. 基础实践内容

针对特定的应用，运用所学的软件工程过程、方法和技术，借助项目管理、软件建模、软件测试、协同开发等工具，开展软件需求分析、软件设计、编写代码、软件测试等软件开发实践，遵循相关的规范和标准，产生和输出多样化、相互一致的软件制品，包括：

- 软件模型；
- 软件文档；
- 程序代码；
- 测试用例；
- 可运行软件系统等。

2. 可选实践内容

结合不同专业人才培养的要求，考虑具体的施教情况（如施教对象、课程学时、现实条件、校企合作等），选择以下实践内容：

- 围绕软件项目管理，开展项目的计划、跟踪、风险管理等实践；
- 围绕软件质量保证，开展软件制品评审、编码规范遵守与代码质量改进、软件质量度量与分析、软件验证与确认等实践；
- 针对特定的软件开发技术（如高可信软件技术、安全攸关软件技术），开展软件开发实践；
- 针对特定领域软件（如政务软件、工控软件等），开展软件开发实践；
- 对实践所开发的软件系统在综合性、复杂性、创新性、规模性等方面提出要求，培养解决复杂工程问题的能力和创新能力等。

3. 实践教学实施及要求

- 实践教学的组织形式：以项目团队的方式来组织学生开展实践，每个团队的人员规模通常不少于 3 人，每个成员在团队中应有明确的角色定位和任务分工。
- 实践教学的课内学时：实践教学应该安排一定的课内学时（应不少于四分之一的知识讲课学时）来对课程实践进行汇报、讲评、点评和指导，以发现和解决问题，交流分享实践经验和成果。

4. 课程考核要求

- 课程考核要求应服从各个学校、院系的培养方案和教学实际需求。考核知识点应覆盖所有被选为该课程内容的知识点，考题难度应与该课程所选的各知识点能力要求、学时要求相符。
- 采用卷面考试和实践考评相结合的方式，并考虑平时的作业和讨论情况。卷面考试可采用开卷或者闭卷的方式。课程实践的考评需根据实践的内容要求，实践成绩占课程总成绩的比例建议控制在 30% ～ 50%。
- 采用定量和定性相结合的考核方式。开卷 / 闭卷考试侧重定量考核，实践考核侧重定性考核。实践考核可以从个人贡献和团队成果两个角度进行，个人贡献考查个人在项目中的贡献度，团队成果考查团队交付的软件制品（包括文档、模型、代码、数据等），从软件制品质量、软件项目规模和难度等角度考评学生掌握和运用软件工程知识来开发软件系统的能力。

4.5.5　开设建议

为达成课程教学的基本目标，应包括 80% 以上核心知识点，各个学校可结合自身的情况和教学目标选择可选的知识点；结合具体的教学情况（如施教对象及其专业、课程学时等），选择扩展可选知识点。

实践教学是课程教学的一个重要环节，不可或缺。强化课程实践的设计、实施和考评，通过课程实践要求学生完成相关的需求、设计和编码等软件开发工作，产生相应的模型、文档和代码，并对质量提出一定的要求，进而培养学生在软件工程方面的能力和素质。

遵循课堂教学与实践教学、知识传授与案例研讨相结合的教学方式。

5

共性应用层课程体系

5.1　简介

5.1.1　课程体系概述

计算机科学与技术的本质是一种服务型技术，其只有面向领域深度应用才可发挥其应有潜力。由于应用领域的特点与需求具有鲜明的个性化与多样化，作为专业教育难以覆盖各个领域的具体需求，因此需凝练不同领域的共性需求，以形成支撑领域应用的共性知识体系与能力素养。经研究与分析，目前该层次主要考虑以下四门课程。

（1）**智能计算系统**　在智能时代，无论哪一领域应用，均需要专用智能计算系统的支撑。"智能计算系统"课程由领域应用场景分析、智能算法优化设计、异构智能硬件实现所组成。

（2）**人机交互**　随着各类计算系统大规模集成电路的发展，功能强大的系统与应用软件的进步，交互技术不仅驱动着计算模式的革新，而且影响着计算系统的具体形态、使用方式和用户群体，使计算系统的使用更加便捷高效、具有更好的体验能力成为各类现代计算系统应用的共性需求。"人机交互"课程在论述人机交互基本原理的基础上，介绍先进人机交互技术发展和设计方法。

（3）**智能数据分析与服务系统**　该课程面向智能时代数据成为重要资源、数据分析在各行各业具有广泛应用的趋势，重点介绍主流智能方法在不同类型数据分析系统中的实例化应用，并论述相应智能服务系统的设计，使学生掌握智能数据分析方法基础，理解智能数据分析与服务系统优化设计，提升此类系统研发能力。

（4）**智能机器人系统**　该课程以智能机器人成为智能时代的重要标志和体现并具有广泛应用为背景，以智能硬件、新型软件、多样化感知、自适应控制等技术融合的新型系统形态为核心，论述其体系结构、实时算法、系统实现，不仅使学生理解多学科融合的智能机器人系统原理，而且具备智能机器人系统设计与工程实现能力。

5.1.2　优化思路

依据智能时代计算技术发展特点与领域应用需求，该层次课程的优化主要体现在以下几方面。

（1）**凝练基本机理，注重与时俱进**　各门课程在凝练基本知识和机理的基础上，更加注重体现时代特征的新知识、新方法与新技术论述。例如，"智能计算系统"突出智能算法的智能硬件实现，"人机交互"课程在总结传统人机交互机理基础上，强化了动作交互、自然交互以及多模态交互等新发展，"智能机器人系统"课程在给出现代机器人系统组成的基础上，增加了智能机器人操作系统和智能实时控制算法。

（2）**专业知识融合，注重学科交叉**　建议开设的几门共性应用课程不仅具有多专业知识融合特点，而且涉及多个计算机专业方向以及应用领域背景，各课程在前设课程基础上，注重不同专业知识如何实现高效融合，以适应应用领域特点与需求，同时，注重应用需求牵引，优化多学科交叉设计。例如，"人机交互"课程涉及认知科学与人机功效，"智能机器人系统"涉及机电一体化和自适应控制，需要适度介绍相关知识，并注重集成优化设计。

（3）**硬件软件集成，注重系统设计**　无论是"智能计算系统""人机交互"还是"智能机器人系统"，均论述了相应的专用硬件、智能算法以及系统软件，在此基础上，注重系统层面的优化设计及其系统能力强化训练。"智能数据分析与服务系统"在论述智能数据分析理论与方法基础上，也突出了基于云平台的服务系统设计与实现。

5.2　智能计算系统

5.2.1　课程概述

智能计算系统是智能的核心物质载体，每年全球要制造数以十亿计的智能计算系统（包括智能手机、智能服务器、智能可穿戴设备等），需要大量的智能计算系统的设计者和开发者。智能计算系统人才的培养直接关系到我国智能产业的核心竞争力。因此，对智能计算系统的认识和理解是智能时代计算机类专业学生培养方案中不可或缺的重要组成部分，是计算机类专业学生的核心竞争力。现阶段的智能计算系统通常是集成 CPU 和智能芯片的异构系统，软件上通常包括一套面向开发者的智能计算编程环境（包括编程框架和编程语言）。

本课程需贯穿智能计算系统的完整软硬件技术栈，包括智能计算系统的基本概念、设计理论、设计方法、关键技术等，帮助学生建立智能计算系统设计及应用的完整知识体系。要采用课堂授课和课程项目相结合的方式进行教学，通过理论和实践教学，使学生加深对智能算法、编程语言、系统软件、体系结构、智能芯片运行环境等知识体系的理解。

本课程旨在提升人工智能方向学生的系统思维和能力，提升学生开展智能计算系统基础研究的兴趣和能力，培养出能用智能计算系统、能开发智能应用的人才，培养出智能时代急需的芯片设计、系统软件、基础算法等领域的人才。

5.2.2　课程内容

本课程的内容主要包括智能计算系统概述、神经网络、深度学习、编程框架使用、编程框架机理、深度学习处理器原理、深度学习处理器架构，以及智能编程语言和实践。本课程的实践环境和实践设备目前由寒武纪公司提供支持，课程需要使用云平台资源和寒武纪小开发板。

5.2.3　知识结构

知识单元	知识点描述
1. 概述 学时：2～3 学时	知识点： • 人工智能 • 智能计算系统 • 驱动范例
	学习目标： • 理解人工智能概念、 • 了解人工智能发展历史 • 了解人工智能的主要方法 • 理解智能计算系统的概念 • 理解研究智能计算系统的重要性 • 了解智能计算系统的发展历史 • 了解驱动范例的基本思想
2. 神经网络基础 学时：3 学时	知识点： • 从机器学习到神经网络 • 神经网络训练 • 神经网络设计原则 • 过拟合与正则化 • 交叉验证
	学习目标： • 理解机器学习、神经网络、深度学习的概念 • 掌握神经网络训练过程及原理 • 理解神经网络设计原则 • 理解神经网络过拟合和正则化的原理 • 理解交叉验证的原理
3. 深度学习 学时：3～6 学时	知识点： • 适合图像处理的卷积神经网络 • 基于卷积神经网络的图像分类算法 • 基于卷积神经网络的图像目标检测算法 • 序列模型：循环神经网络 • 生成对抗网络 GAN • 驱动范例

（续）

知识单元	知识点描述
3. 深度学习 学时：3～6学时	学习目标： • 理解卷积神经网络的基本网络单元及组成 • 理解典型的用于图像分类的卷积神经网络的结构及原理 • 掌握图像目标检测算法的评价指标 • 理解典型的用于图像目标检测的卷积神经网络的结构及原理 • 理解典型的循环神经网络的结构及原理 • 理解生成对抗网络的结构及训练原理 • 理解两种风格迁移算法的原理
4. 编程框架使用 学时：3学时	知识点： • 为什么需要编程框架 • 编程框架概述 • TensorFlow 编程模型及基本用法 • 基于 TensorFlow 实现深度学习预测 • 基于 TensorFlow 实现深度学习训练
	学习目标： • 理解编程框架的概念和作用 • 理解 TensorFlow 的基本概念及编程模型 • 掌握基于 TensorFlow 实现深度学习预测和训练的过程及原理
5. 编程框架机理 学时：3学时	知识点： • TensorFlow 的设计原则 • TensorFlow 计算图机制 • TensorFlow 系统实现 • 编程框架对比
	学习目标： • 理解 TensorFlow 的设计原理 • 理解 TensorFlow 内部核心的计算图机制 • 理解 TensorFlow 实现架构与核心逻辑 • 了解主流编程框架的区别
6. 深度学习处理器原理 学时：3学时	知识点： • 深度学习处理器概述 • 目标算法分析 • 深度学习处理器 DLP 结构 • 优化设计 • 性能评价 • 其他加速器
	学习目标： • 了解深度学习处理器的研究意义、发展历史及设计思路 • 掌握目标深度学习算法的分析方法 • 理解深度学习处理器结构的设计流程 • 了解 DLP 的优化设计方法

（续）

知识单元	知识点描述
6. 深度学习处理器原理 学时：3 学时	• 了解 DLP 的性能评价方法 • 了解相关加速器的架构特点
7. 深度学习处理器架构 学时：3 学时	知识点： • 单核深度学习处理器 • 多核深度学习处理器 学习目标： • 了解单核深度学习处理器的架构 • 了解多核深度学习处理器的架构
8. 智能编程语言 学时：6～9 学时	知识点： • 为什么需要智能编程语言 • 智能计算系统抽象架构 • 智能编程模型 • 智能编程语言基础 • 智能应用编程接口 • 智能应用功能调试 • 智能应用性能调优 • 基于智能编程语言的系统开发 学习目标： • 了解智能编程语言的意义 • 理解智能计算系统的硬件抽象架构 • 掌握智能计算系统硬件抽象的编程模型及编程方法 • 掌握智能编程语言的基础内容 • 掌握智能编程语言相关的编程接口及调用方法 • 掌握智能应用程序的功能调试方法 • 掌握智能应用程序的性能调优方法 • 理解基于智能编程语言的系统开发和优化
9. 实践	知识点： • 基础实践：图像风格迁移 • 拓展实践：物体检测 学习目标： • 使学生对智能算法、编程语言等知识能够融会贯通 • 让学生学以致用，活学活用

5.2.4　课程实践

课程实践将以典型应用作为驱动范例，将基础理论内容（包括深度学习算法、编程框架的原理及使用、深度学习处理器（DLP）的原理和架构以及智能编程语言）串联起来，使学生能融会贯通地理解智能计算系统的完整软硬件技术栈。

（1）**基础实践** 图像风格迁移。

掌握如何在深度学习处理器（DLP）平台上实现图像风格迁移。理解如何充分利用 DLP 硬件特性来开发高性能算子，以及软件栈如何调用算子以完成深度学习算法在硬件上的执行，从而系统性地理解智能计算系统。实践环境采用云平台结合开发板的形式。该实践包含以下关键点。

关键点 1：利用智能编程语言设计实现两种典型算子，并分析精度。

关键点 2：将自定义算子集成到 TensorFlow 框架。

关键点 3：面向 DLP 平台的低位宽数据表示进行模型参数量化。

关键点 4：DLP 平台上的编译运行实现；云平台和开发板两种平台上的实现。

（2）**拓展实践** 物体检测。

掌握如何在 DLP 云平台上实现物体检测。该实践包括以下关键点。

关键点 1：利用智能编程语言设计实现物体检测的深度学习算法中的两个后处理融合算子。

关键点 2：将深度学习算法中的算子替换成智能编程语言实现的算子，并集成到 TensorFlow 框架中。

关键点 3：物体检测在 DLP 平台上的设计实现。

（3）**拓展练习** 典型算子的设计实现。

对智能计算系统中的几种典型算子采用智能编程语言进行设计和实现，并使其运行在 DLP 平台上，然后与 CPU 平台实现进行精度对比。

5.2.5 开设建议

1）如果学生之前学过人工智能或者机器学习基础课，知识单元 2、3 中算法部分的学时数可缩短。

2）如果学生没有学过计算机体系结构或者计算机组成原理，知识单元 6、7 中深度学习处理器部分的学时数可以增加一些。

3）对于应用型大学可以不讲或作为讲座内容介绍知识单元 6 和 7 中的深度学习处理器设计与优化。

4）课程实践选题覆盖了算法、编程框架、DLP 原理和架构以及智能编程语言，不同学校可以根据培养目标和教学的需要，配合教学进度，分阶段、循序渐进地组织智能计算系统实践。

5）课程考核可采用全实践考核方式，以强调学生智能计算系统能力培养的教学导向。

5.3　人机交互

5.3.1　课程概述

人机交互是计算机专业重要的专业课之一。交互技术驱动着计算模式的革新，决定了计算机的形态、作用、使用方式和用户人群。在当今普适计算蓬勃发展的过程中，新型计算设备层出不穷，用户终端的交互性能在很大程度上决定了终端产品性能。计算机专业需要设置人机交互基本原理和技术课程，并优化课程内容。

人机交互属于交叉学科研究领域，认知科学是交互设计的理论基础，信息技术是交互设计的技术基础，所实现的核心交互技术形成用户界面技术，是用户终端的重要组成部分。本课程内容的设置总体上分为人的能力分析、界面设计原理、创新性的交互技术三大部分，包括人的能力范围以及信息处理能力的模型化表示，人机界面模式的沿革、特点和支持工具，交互效率的评价模型，自然交互模式、交互接口的设计。

通过本课程的学习，学生要能够掌握人机交互的基本原理和支持技术，能够设计具有较高交互效率的用户界面，同时要了解人机交互领域技术发展的趋势、创新性交互技术研究的重要性等。

5.3.2　课程内容

课程内容兼顾人机交互基础原理和交互创新理念与技术，主要包括：

1）以人为中心，在了解基本人因的基础上，依据人体工程学和认知基础建立交互界面与交互接口的约束条件及优化目标；

2）理解和掌握图形用户界面设计原理与评测方法，在界面设计上综合考虑功能和效率需求，运用格式塔理论和 GOMS 模型、费兹定律设计高效的用户界面，掌握受控实验方法；

3）了解文本输入、动作交互等基本交互任务的设计实现原理，并开展创新实践；

4）了解穿戴式交互、多模态交互、信息无障碍、机器人交互与普适计算等不断发展中的自然交互技术和应用的基本原理，基于传感技术，采取交互任务建模等方式设计自然易用的新型接口和应用。

5.3.3　知识结构

（标 * 为可选内容。）

（一）人机交互概论

知识单元	知识点描述
人机交互概论 最少学时：4 学时	知识点： • 人机交互的定义 • 人机信息交换双向通道 • 输入设备和输出设备 • 人机交互的学科基础 • 交互范式与计算模式 • 人机共生思想 • 基于分时的交互计算 • 操作系统的 UI • 字符用户界面 CUI • CUI 的一致性与良好的命名 • 图形用户界面 GUI • GUI 与 CG、OOP 的产生 • 鼠标的发明 • 自然用户界面 NUI
	学习目标： • 了解人机交互的重要作用 • 了解人机交互的定义 • 理解人机交互交叉学科的特性 • 了解信息论、计算机、心理学等人机交互学科基础 • 了解交互范式的演进历程 • 了解人机信息交换双向通道上的 I/O 设备 • 理解人机共生与交互计算的重要性 • 理解 CUI 的属性 • 掌握字符用户界面的设计目标和方法 • 了解图形学与图形用户界面的关系 • 掌握面向对象编程与图形用户界面的关系 • 了解鼠标发明与图形用户界面的关系 • 掌握 GUI、可视化与直接操控的本质特征 • 理解 NUI 的本质特征及其优化目标

（二）人的信息处理模型

知识单元	知识点描述
人因与人的信息处理模型 最少学时：6 学时	知识点： • 人因的复杂性 • 人体工学与交互接口 • 物理键盘的布局原理 • 虚拟键盘的胖手指问题 • 人的感知系统 • 视觉信息的获取与处理 • 视觉感知与显示接口

（续）

知识单元	知识点描述
人因与人的信息处理模型 最少学时：6 学时	• 听觉感知与音频接口 • 触觉感知与触觉接口 • 味觉、嗅觉、痛觉 • 感知侏儒 • 认知与注意力 • 主动意识与潜意识的属性 • 人的信息处理模型 HIP • HIP 模型的构成和参数 • 运动子系统 • 感知子系统 • 认知子系统 • 席克定律（Hick's Law） • 费兹定律（Fitts' Law）
	学习目标： • 了解庞杂人因的基本知识 • 理解人机信息交换双向通道的构成 • 理解键盘的布局原理 • 理解自然性与高效性的矛盾 • 掌握视觉感知原理 • 理解注意力属性 • 理解可计算的简化心理学模型 HIP • 掌握 HIP 的概念和原理 • 掌握席克定律和费兹定律

（三）GUI 的设计与优化

知识单元	知识点描述
GUI 的设计与优化 最少学时：6 学时	知识点： • GUI 的桌面隐喻 • GUI 的界面构成 • GUI 的直接操控 • 界面可视化原则 • 哥斯塔理论 • 界面布局和装饰 • 实时反馈原则 • 直观映射原则 • 有效提示原则 • 一致性原则 • GUI 的指点参数 • GOMS 及其击键层模型 • 交互效率模型 • 基于费兹定律的界面优化

（续）

知识单元	知识点描述
GUI 的设计与优化 最少学时：6 学时	学习目标： • 理解 GUI 的特性 • 理解哥斯塔理论 • 掌握 GUI 的设计原则 • 掌握 GOMS、分析界面效率 • 理解交互效率模型 • 掌握基于费兹定律的界面优化方法

（四）评测方法

知识单元	知识点描述
评测方法 最少学时：4 学时	知识点： • 可用性评测规则 • 用户体验 • 评测过程 • 用户实验与预测模型 • ISO 9241（*） • 低保真度快速原型法 • 观察方法之简单观察法、有声思维法、结构化交互法、问卷与访谈法 • 受控实验法 • 自变量和因变量的选择 • 实验过程的控制 • 实验数据采集方法 • 实验数据分析方法 • 实验结果解读 • 基于生理、心理数据的认知负荷评测（*）
	学习目标： • 理解可用性评测规则 • 了解 ISO 9241 • 掌握低保真度快速原型法 • 了解各种观察方法 • 掌握受控实验方法 • 掌握实验数据统计分析方法 • 理解基于生理、心理数据的认知负荷评测

（五）文本输入

知识单元	知识点描述
文本输入 最少学时：2 学时	知识点： • 文本输入任务 • 键盘输入 • 手写输入

（续）

知识单元	知识点描述
文本输入 最少学时：2 学时	• 语音输入 • 语言模型 • 自动补全 • 虚拟键盘 • 文本输入设计空间 • 文本输入意图的贝叶斯推理 • 文本输入手部运动模型 • 触屏快速输入法 • 非触屏盲输入法（*） • 空中打字（*） • 文本输入测试集（*）
	学习目标： • 理解文本输入任务的实现方式 • 理解语言模型 • 理解软键盘上的胖手指问题 • 理解文本输入意图的贝叶斯推理框架 • 理解文本输入手部运动模型

（六）动作交互

知识单元	知识点描述
动作交互 最少学时：4 学时	知识点： • 可视对象操控动作交互 • 抽象命令动作交互 • 动作编码 • 动作信号感知 • 动作指令解码 • 自然动作编码成本 • 二维触摸交互动作 • 用户参与设计的大桌面多指手势交互 • 智能电视点击按键空中手势 • 基于语义的动作映射 • 语音动作交互 • 智能手机三维手势交互 • 非手部（hands-free）动作交互（*） • 耳势交互（*） • 基于动作时空特征的动作解码 • 无须视觉注意的空中目标选取 • 防误触问题（*） • 自然交互动作意图理解计算模型
	学习目标： • 理解动作交互流程

（续）

知识单元	知识点描述
动作交互 最少学时：4 学时	• 理解自然动作编解码的基本原理 • 了解动作信号类别和基本原理 • 掌握用户参与的手势设计方法 • 了解自然交互动作意图理解计算模型

（七）穿戴式交互

知识单元	知识点描述
穿戴式交互 最少学时：2 学时	知识点： • 穿戴式移动终端 • ParcTab 的远见 • 智能手机的 GUI • 智能手机的传感交互 • 物理传感器与生理传感器 • 通信传感器 • 穿戴方式 • 智能耳机传感交互（*） • 智能手表的 GUI（*）与传感交互（*） • 智能手环的传感交互（*） • 智能头盔交互任务 • 饰品与服装的传感交互（*） • 穿戴式力触觉反馈（*） • 基于穿戴设备的行为挖掘（*）与健康监护（*） • 基于穿戴设备的肌电接口（*） • 脑机接口（*）
	学习目标： • 了解脑机接口，理解穿戴方式 • 理解智能手机的传感交互原理 • 掌握基于运动传感器的传感交互设计 • 了解智能耳机、手表、手环的传感交互原理 • 理解智能头盔的交互任务 • 理解基于穿戴设备的行为挖掘、健康监护的基本原理 • 了解肌电、脑机接口

（八）多模态交互

知识单元	知识点描述
多模态交互 最少学时：4 学时	知识点： • 多模态交互信道 • 语音交互与触摸交互 • 笔式输入（*）与目光跟踪 • 信息可视化（*）与科学可视化（*） • 情感状态（*）与联觉机制（*）

（续）

知识单元	知识点描述
多模态交互 最少学时：4学时	• 多模态替代、互补与融合机制 • 智能交互操作系统 • 界面语义理解 • 信息无障碍 • 视觉无障碍界面转换 • 面向视障人士的智能键盘（*） • 触觉显示与盲人显示器（*） • 面向视障人士的出行导航 • 面向听障人士的手语交互（*） • 人与机器人交互（*） • 服务与社交机器人交互（*）
	学习目标： • 了解多模态交互信道 • 了解多模态替代、互补、融合机制 • 了解智能交互操作系统的基本任务 • 理解界面语义理解 • 了解信息无障碍 • 理解智能手机读屏原理和问题 • 掌握智能手机应用视觉无障碍基础开发方法 • 了解人与机器人的交互任务

（九）普适计算（*）

知识单元	知识点描述
普适计算 最少学时：2学时	知识点： • 普适计算 • 泛在设备 • 智能物体 • 互联互通 • 自发互操作 • 智能空间与智能家居 • 情境感知 • 室内定位方法 • 实物交互 • 人机物三元融合 • 三元融合场景仿真与开发工具
	学习目标： • 了解普适计算的基本概念 • 了解分散设备连续交互的需求 • 理解情境感知的原理 • 掌握实物交互的设计方法

5.3.4　课程实践

课程实践包括两个主要内容，分别是训练学生掌握人机交互用户实验方法和培养学生自然交互接口创新设计的实现能力。

1. 费兹定律实践

实践目的：
- 理解从信息论到费兹定律的假设，通过数据采集、统计分析，拟合出特定设备上的费兹定律，并做出物理解释。
- 掌握人机交互中的用户实验方法、数据统计分析方法。
- 注：个人实践；学校需提供给学生数据采集平台。

2. 新型自然交互接口或系统

实践目的：
- 根据实践命题范围分析交互任务。选题范围包括但不限于智能手机自然交互技术、动作交互、软键盘优化、穿戴式传感交互、智能空间多设备互操作、语音交互去唤醒、多用户界面共享，等等。
- 提出和论证核心创新点，理解掌握自然交互技术的本质特征。
- 完成从低保真度快速原型系统到原型设计实现、开展评测、迭代改进的创新实践过程。
- 注：小组实践，3～4人/小组，分工协作；学校需提供给学生必要设备和开发工具。

5.3.5　开设建议

1）章节标题和知识点标 * 的内容未计入最少学时数，可以不讲。

2）保证一半学时用于前4个知识单元，即：人机交互概论、人的信息处理模型、GUI的设计与优化、评测方法。

3）后5个知识单元内容是关于自然人机交互的新问题、新原理、新技术、新场景，创新性强，选择性比较大，建议任课教师根据学校的专业方向与已有基础适当选择。

4）两个课程实践建议都做，对于第二个可以根据学校的实践条件提出具体选题范围。

5）课程考核成绩应体现学生理论知识与实际动手能力的总体水平。建议采用结构化成绩，包括平时作业和两个课程实践，其中课程实践 2 的成绩应占总成绩的 1/3 到 1/2，以强调培养学生自然交互接口创新设计实现能力的教学导向。

5.4　智能数据分析与服务系统

5.4.1　课程概述

　　智能数据分析与服务系统是计算机专业重要的专业核心课之一。数据已成为信息时代的重要资源，数据被采集后在企业之间或企业内部的信息系统中共享，数据量的增加导致高效的基于计算机的分析方法的出现，如智能数据分析。

　　智能数据分析是指运用统计学、模式识别、机器学习、数据抽象等数据分析工具从数据中发现知识的分析方法。智能数据分析的目的是直接或间接地提高工作效率，它在实际使用中充当智能化助手的角色，使工作人员在恰当的时间拥有恰当的信息，帮助他们在有限的时间内做出正确的决定。

　　智能数据分析方法研究已经有数十年的历史，研究人员将人工神经网络、贝叶斯网络、决策树、遗传算法、基于范例的推理法、归纳逻辑编程法等智能数据分析方法应用到具体工作中，并先后取得了很大的突破，解决了许多疑难问题。智能数据分析正在引发全球范围内深刻的技术和商业变革，已经成为 IT 行业的主流技术，并对各行各业产生了广泛的影响。如何跟进智能数据分析技术发展，凝练支撑社会化的服务系统的共性技术，在课程教学中反映出智能数据分析在各行业的应用，是当前课程教学研究和教学内容改革的主要任务。

　　通过本课程的学习，要求学生了解智能数据分析技术发展现状与趋势，掌握智能数据分析的基本理论知识，掌握智能数据分析与服务系统工作原理与实现技术，掌握数据分析的基本方法，掌握智能数据分析与服务系统的优化设计与工程实现。

5.4.2　课程内容

　　信息系统中积累的大量数据中原始数据的价值很小，只有通过智能化分析方法抽取其中的精华，才能从数据中挖掘出其中的价值，为人类所用。

　　智能数据分析方法主要分为两种类型：一是数据抽象（data abstraction）；二是数据挖掘（date mining）。

　　（1）**数据抽象**　数据抽象是对现实世界的人、物、事和概念进行人为处理，抽取所关心的共同特性，忽略非本质的细节，并把这些特性用各种概念精确地加以描述，这些概念组成了某种模型。简而言之就是在忽略类对象间存在的差异的同时，展现对用户而言最重要的特性。三种常用的抽象方法：分类、聚集、概括。

（2）**数据挖掘** 一般是指从大量的数据中通过算法搜索隐藏于其中的信息的过程。数据挖掘通常与计算机科学有关，通过统计、在线分析处理、情报检索、机器学习、专家系统（依靠过去的经验法则）和模式识别等诸多方法来实现上述目标。

智能数据分析技术在数据的处理中具有非常重要的意义，主要包括以下几类常见方法。

（1）**决策树** 在已知各种情况发生概率的基础上，通过构建决策树来求取净现值的期望值大于或等于零的概率，评价项目风险，判断其可行性的决策分析方法是直观运用概率分析的一种图解法，它是建立在信息论基础之上对数据进行分类的一种方法。这种方法首先通过一批已知的训练数据建立一棵决策树，然后采用建好的决策树对数据进行预测。决策树的建立过程是数据规则的生成过程，因此，这种方法实现了数据规则的可视化，其输出结果容易理解，精确度较好，效率较高，缺点是难以处理关系复杂的数据。常用的方法有分类及回归树法、双方自动交互探测法等。

（2）**关联规则** 它是形如 $X \rightarrow Y$ 的蕴涵式，其中，X 和 Y 分别称为关联规则的先导（antecedent 或 Left-Hand-Side，LHS）和后继（consequent 或 Right-Hand-Side，RHS）。关联规则 XY 存在支持度和信任度。这种方法主要用于事物数据库中，通常带有大量的数据，当今使用这种方法来削减搜索空间。

（3）**粗糙集** 它是继概率论、模糊集、证据理论之后的又一个处理不确定性的数学工具。用粗糙集理论进行数据分析主要有以下优势：它无须提供对知识或数据的主观评价，仅根据观测数据就能达到删除冗余信息的目的。

（4）**模糊数学分析** 用模糊集（fuzzy set）数学理论来进行智能数据分析。现实世界中客观事物之间通常具有某种不确定性。越复杂的系统精确性越低，也就意味着模糊性越强。在数据分析过程中，利用模糊集方法对实际问题进行模糊评判、模糊决策、模糊预测、模糊模式识别和模糊聚类分析，这样能够取得更好、更客观的效果。

（5）**人工神经网络** 一种应用类似于大脑神经突触连接的结构进行信息处理的数学模型。该模型由大量的节点（或称神经元）相互连接构成。每个节点代表一种特定的输出函数，称为激励函数（activation function）。每两个节点间的连接都代表一个对于通过该连接信号的加权值，称之为权重，这相当于人工神经网络的记忆。网络的输出则依网络的连接方式、权重值和激励函数的不同而不同。而网络自身通常都是对自然界某种算法或者函数的逼近，也可能是对一种逻辑策略的表达。

（6）**混沌分型理论** 混沌（chaos）和分形（fractal）理论是非线性科学中的两个重要概念，研究非线性系统内部的确定性与随机性之间的关系。混沌描述的是非线性动力系统具有的一种不稳定且轨迹局限于有限区域但永不重复的运动，分形解释的是那些表面看上去杂乱无章、变幻莫测而实质上有某种潜在规律性的对象，因此，二者可以用来解释自然界以及社会科学中存在的许多普遍现象。其理论方法可以作为智能认知研究、图形图像处理、自动控制以及经济管理等诸多领域应用的基础。

（7）自然计算分析　这种数据分析方法根据不同生物层面的模拟与仿真，通常可以分为以下三种不同类型的分析方法：一是群体智能算法，二是免疫算术方法，三是DNA算法。群体智能算法主要对集体行为进行研究；免疫算术方法具有多样性，经典的主要有反向、克隆选择等；DNA算法主要属于随机化搜索方法，它可以进行全局寻优，在实际应用中一般都能获取优化的搜索空间，在此基础上还能自动调整搜索方向，在整个过程中都不需要确定的规则，目前DNA算法普遍应用于多种行业中，并取得了不错的成效。

5.4.3 知识结构

（标 * 为可选内容。）

（一）智能数据分析与服务系统概论

知识单元	知识点描述
智能数据分析与服务系统概论 最少学时：4 学时	知识点： • 智能数据分析的背景、定义及分类 • 智能数据分析的常见方法 • 服务系统的概念 • 智能数据分析在服务系统中的应用
	学习目标： • 了解智能数据分析的背景与发展过程 • 掌握智能数据分析的定义与分类方法 • 掌握服务系统的定义与特点 • 了解智能数据分析的常见方法 • 理解智能数据分析的研究方法 • 了解智能数据分析的常见结构模型

（二）智能数据分析分类

知识单元	知识点描述
智能数据分析方法的主要类型 最少学时：4 学时	知识点： • 数据抽象的基本概念 • 数据挖掘的基本概念 • 数据挖掘系统的结构
	学习目标： • 掌握智能数据分析方法的主要类型

（续）

知识单元	知识点描述
智能数据分析方法的主要类型 最少学时：4 学时	• 掌握数据抽象的基本概念 • 掌握数据挖掘的基本概念 • 理解数据挖掘系统的主要结构

（三）决策树、关联规则和粗糙集

知识单元	知识点描述
决策树、关联规则和粗糙集 最少学时：4 学时	知识点： • 决策树方法综述 • 决策树 ID3 方法 • 决策树 C4.5 方法 • 关联规则挖掘算法原理 • 粗糙集理论简介 • 粗糙集获取规则与应用 学习目标： • 理解决策树的基本概念 • 掌握决策树的基本方法 • 掌握决策树 ID3 方法 • 掌握决策树 C4.5 方法 • 掌握关联规则挖掘算法原理 • 了解粗糙集理论简介 • 掌握粗糙集获取规则

（四）模糊数学分析

知识单元	知识点描述
模糊数学分析 最少学时：4 学时	知识点： • 模糊数学理论的基本概念 • 模糊评判的基本方法 • 模糊决策的基本方法 • 模糊预测的基本方法 • 模糊模式识别的基本方法 • 模糊聚类分析的基本方法 学习目标： • 理解模糊数学理论的基本概念 • 掌握模糊评判的基本方法 • 掌握模糊决策的基本方法 • 掌握模糊预测的基本方法 • 掌握模糊模式识别的基本方法 • 掌握模糊聚类分析的基本方法 • 掌握用模糊数学理论进行数据分析的手段

（五）人工神经网络

知识单元	知识点描述
人工神经网络 最少学时：4 学时	知识点： ● 人工神经网络的基本概念 ● 激励函数的分类 ● 人工神经网络的工作原理 ● 人工神经网络的模型构建
	学习目标： ● 掌握人工神经网络的基本概念 ● 掌握人工神经网络的工作原理 ● 掌握人工神经网络的模型构建

（六）混沌分型理论（*）

知识单元	知识点描述
混沌分型理论 最少学时：4 学时	知识点： ● 混沌理论的基本概念 ● 分形理论的基本概念 ● 混沌分型理论在智能认知研究、图形图像处理、自动控制以及经济管理等领域的应用
	学习目标： ● 掌握混沌理论的基本概念 ● 掌握分形理论的基本概念 ● 了解混沌分型理论在智能认知研究、图形图像处理、自动控制以及经济管理等领域的应用

（七）自然计算分析

知识单元	知识点描述
自然计算分析 最少学时：4 学时	知识点： ● 自然计算分析基本概念和类型 ● 群体智能算法 ● 免疫算术方法 ● DNA 算法
	学习目标： ● 掌握自然计算分析基本概念和类型 ● 理解群体智能算法 ● 理解免疫算术方法 ● 理解 DNA 算法

（八）智能数据分析与服务系统设计

知识单元	知识点描述
智能数据分析与服务系统设计 最少学时：8 学时	知识点： ● 智能数据分析与服务系统类型

（续）

知识单元	知识点描述
智能数据分析与服务系统设计 最少学时：8学时	• 智能数据分析与服务系统发展 • 智能数据分析与服务云化 • 云 – 端融合的智能服务系统 • 智能数据分析与服务系统领域应用 • 智能数据分析与服务系统性能评测
	学习目标： • 了解智能数据分析与服务系统类型 • 了解智能数据分析与服务系统发展 • 掌握新型智能数据分析云服务系统设计 • 掌握领域应用驱动的智能数据分析服务系统实例化设计

5.4.4   课程实践

课程实践可以采用算法设计与软件编程的训练形式，以培养计算机专业学生数据分析及其软件实现的系统能力。

1. 数据分析算法的软件实现

1）选择决策树、粗糙集、模糊分析、神经网络等智能分析算法；

2）利用主流数据分析工具或自行编写软件，实现数据分析算法。

2. 智能数据分析与服务系统设计

1）选择典型应用场景的数据分析与服务需求及其任务；

2）利用主流云 – 端平台软件搭建服务系统平台；

3）集成智能数据分析软件，形成适应需求场景的智能数据分析与服务系统。

5.4.5   开设建议

1）对于研究型大学的计算机科学与技术专业，若智能算法学习较为丰富，则可减少数据分析算法内容，进一步强化智能数据分析与服务系统的优化设计与领域应用。

2）对于应用型大学的计算机科学与技术专业，则以基本智能分析算法为主体，略去混沌分型理论、自然计算分析等高阶内容，强化智能数据分析与服务系统的工程实现。

3）课程考核应体现学生数据分析理论知识与实际搭建分析与服务系统的总体水平。建议采用结构化成绩，其中课程实践的成绩应占总成绩的一定比例。

5.5　智能机器人系统

5.5.1　课程概述

智能机器人是智能时代的重要标志与体现，是智能硬件与新型软件技术相结合的新型系统。"智能机器人系统"课程是智能时代计算机科学与技术专业系统能力培养的重要内容，成为专业共性应用课程之一。该课程从计算技术发展角度出发，论述和介绍智能机器人系统的组成结构、硬软融合、智能算法以及典型应用，凝练不同类型智能机器人系统设计的"不变要素"，形成智能机器人系统课程教学主要内容。

通过本课程的学习，要求学生了解智能机器人技术发展现状与趋势，掌握机器人系统结构及其硬件与软件实现，掌握机器人自主导航与路径规划原理和实现技术，掌握智能机器人强化学习及实时控制方法，了解机器人操作系统以及多机器人编队协同技术等。

5.5.2　课程内容

"智能机器人系统"课程主要介绍智能机器人系统结构、智能感知、路径规划、自主导航、运动控制以及机器人操作系统等设计实现。课程注重系统性，特别是将实时强化学习与智能机器人软件设计技术等内容引入教学中。

"智能机器人系统"课程内容体现了计算、感知、决策、控制等先进技术的有机融合，相对应的实践平台与内容首先突出共性机理验证与系统设计，也可依据条件扩展个性化平台。

5.5.3　知识结构

（一）智能机器人系统概论

知识单元	知识点描述
智能机器人系统概论 最少学时：4学时	知识点： • 智能机器人产生与发展 • 智能机器人的体系结构 • 智能机器人计算平台构成 • 智能机器人典型应用
	学习目标： • 了解智能机器人概念及特点

（续）

知识单元	知识点描述
智能机器人系统概论 最少学时：4学时	• 了解智能机器人的主流架构 • 掌握智能机器人的互联结构 • 了解智能机器人的典型应用

（二）智能机器人运动子系统

知识单元	知识点描述
智能机器人运动子系统 最少学时：4学时	知识点： • 机器人运动机构 • 机器人驱动技术 • 机器人控制技术 • 机器人控制策略
	学习目标： • 了解机器人轮式、足式、履带式等基本运动方式 • 掌握机器人驱动技术 • 掌握机器人自适应控制策略

（三）智能机器人感知子系统

知识单元	知识点描述
智能机器人感知子系统 最少学时：4学时	知识点： • 感知子系统体系结构 • 机器人距离、位置、触觉等测量方法 • 机器人视觉、姿态等测量方法
	学习目标： • 熟悉感知子系统的组成与分布 • 掌握被动视觉测量和主动视觉测量方法 • 掌握角速度陀螺仪/加速度计等机器人姿态测量

（四）智能机器人视觉子系统

知识单元	知识点描述
智能机器人视觉子系统 最少学时：6学时	知识点： • 机器视觉理论基础 • 智能机器人视觉子系统 • 智能机器人视觉伺服方法 • 智能机器人跟踪方法 • 智能机器人视觉导航技术
	学习目标： • 了解机器视觉的理论体系及关键问题 • 理解智能机器人单目视觉和立体视觉 • 掌握智能机器人视觉跟踪方法

（五）智能机器人控制与决策

知识单元	知识点描述
智能机器人智能控制与决策技术 最少学时：6学时	知识点： • 强化学习的基础理论 • 智能机器人的智能控制方法 • 智能机器人的智能决策方法 • 智能机器人的智能控制与决策实例
	学习目标： • 掌握基本的实时强化学习算法 • 理解基于策略的强化学习方法 • 了解基于学习的智能机器人控制与决策相关实例

（六）智能机器人自主导航与路径规划算法

知识单元	知识点描述
智能机器人自主导航与路径规划算法 最少学时：6学时	知识点： • 智能机器人导航子系统概述 • 环境地图的表示与定位 • 移动机器人同步定位与地图创建 • 移动机器人路径规划方法
	学习目标： • 了解导航子系统及其体系结构 • 掌握主流机器人导航方法 • 掌握智能机器人路径规划方法 • 了解 SLAM 的难点和技术关键

（七）智能机器人操作系统

知识单元	知识点描述
智能机器人操作系统 最少学时：6学时	知识点： • 智能机器人操作系统 ROS • 任务调度及发布订阅通信机制 • 智能机器人应用软件开发支持 • 基于 Gazebo 的机器人仿真平台
	学习目标： • 掌握智能机器人操作系统架构 • 了解发布订阅通信机制 • 掌握 ROS 插件开发方法 • 了解 Gazebo 仿真软件 • 掌握基于 Gazebo 的智能机器人仿真软件开发

（八）多智能机器人系统

知识单元	知识点描述
多智能机器人通信及多机器人系统 最少学时：4学时	知识点： • 多机器人无线通信机制 • 多机器人系统结构与协同 • 多机器人系统实例：多机器人编队

（续）

知识单元	知识点描述
多智能机器人通信及多机器人系统 最少学时：4学时	学习目标： ● 了解适应多机器人系统的通信技术 ● 了解多机能人系统的体系结构 ● 了解多机器人系统的应用及发展

（九）智能机器人系统实践平台

知识单元	知识点描述
智能机器人系统实践平台 最少学时：8学时	知识点： ● 智能机器人系统实践平台架构 ● 智能机器人信息感知与融合 ● 智能机器人目标检测与跟踪实践 ● 基于语音的远程控制机器人行走实践 ● FIRA机器人足球比赛实践
	学习目标： ● 掌握智能机器人系统实践平台架构 ● 掌握特征参数提取、模型训练、模式匹配 ● 掌握系统硬件调试 ● 掌握基于地面站远程控制简单路径行走实践 ● 了解世界上主流智能机器人比赛规则 ● 熟悉FIRA国际机器人足球比赛关键技术

5.5.4 课程实践

课程实践采用仿真环境与硬件环境两种实践平台，以培养计算机专业学生智能机器人系统设计与优化能力。

1. 两种实践平台

（1）**智能机器人系统仿真平台** FIRA足球机器人系统仿真平台能够兼容强化学习方法，为智能机器人决策策略提供全局的状态信息，并实时控制机器人运动效果。在该平台上，可以进行智能机器人的策略和控制仿真，并进行机器人智能导航和路径规划算法的研究和尝试。FIRA足球机器人平台还包括多个智能机器人，能够提供多智能机器人的协同以及多机器人博弈对抗系统的仿真模拟。

（2）**智能机器人系统物理平台** 智能机器人系统物理平台主要包括轮式机器人物理平台和人型机器人物理平台，通过该平台能够从机构、硬件、软件、算法对智能机器人系统进行全面了解。通过机器人在实际场景的图像及其他机器人传感器获得的信息，智能机器人能够逐层地实现从感知、判断、决策到执行（OODA）的全过程。智能机器人系统还提供 ROS 机器人操作系统的实际操作平台，能够验证在仿真平台上得到的路径规划、策略及相关算法的实际应用效果。

2. 系统设计课程实践

（1）**智能机器人视觉**　基于颜色阈值的目标识别、三维目标定位及卡尔曼滤波的信息融合技术实践；根据几何特征检测形状，提高可靠性和容错性的技术实践；YOLOv3 目标检测技术实践，基于单应性矩阵的目标定位和 KCF 跟踪器方法的实践。

（2）**智能机器人控制**　实现机器人精确移动，利用 Simulink 进行机械臂的仿真，并利用机械臂仿真力传感器对机器人进行反馈控制；使用 Gazebo 平台进行仿真，通过有限状态机，根据有限的几个状态进行控制转换。

（3）**智能机器人运动**　有以下两种。

1）轮式机器人：尝试通过编写策略，在策略内部分配角色，给角色赋动作等操作完成单体运动和团队配合；尝试使用枚举算法和搜索算法实现已知坐标的避障；通过子目标点法、三次样条曲线法生成路径；同时根据场上信息完成动态角色分配。

2）人形机器人：尝试使机器人通过 PID 调整运动过程中的角度，通过状态机算法，根据视觉获得的相关信息和自身状态转换机器人状态，应用子目标点法生成中间点的避障方法来实现高效避障。

5.5.5　开设建议

1）对于研究型大学，建议不讲知识单元（九），或减少学时，突出智能算法及其优化。

2）对于应用型大学与工程型大学，可以不讲或作为讲座介绍多机器人系统内容，注重讲授系统实现和应用集成。

3）对于有机器人硬件物理环境的学校，建议任课教师适当安排硬件实践内容；对于不具备硬件物理实践条件的学校，可以选择仿真环境下的编程训练环节。

4）编程训练选题考虑了不同层面机器人设计能力的覆盖，同时考虑了不同类型学校的教学需求；编程训练选题是从科研课题中凝练出的具有"近似实战性"的题目；编程题目涵盖了智能机器人系统的视觉、控制以及决策。不同类型学校可以根据培养目标和教学需要，配合教学进度，选择其中某几个或者全部，分阶段、循序渐进地组织智能机器人软件编程实践训练。

5）课程考核成绩应体现学生理论知识与实际动手能力的总体水平。建议采用结构化成绩，其中课程实践的成绩应占总成绩的一定比例，以强调培养学生智能机器人系统能力的教学导向。

6

结　束　语

我国高等教育发展已进入新的历史时期，我们应树立计算机专业教育新理念，形成计算机专业教育新格局，以服务我国新时期社会与经济发展新目标。

1. 计算机专业教育模式改革与创新

（1）**线上线下结合，丰富专业教学与实验手段**　通过疫情防控时期的大规模线上教学实践，已有的主流线上教学平台的功能与性能得以有效改进与完善，同时也积累了更为丰富的数字化专业教学资源，不仅包括更多的 MOOC 专业课程，而且形成多个大规模线上专业实验平台与系统，为新时期计算机专业教育新理念与新格局创造了良好条件。重点归纳如下：

1）发挥线上教学资源作用，丰富课堂教学内容，培养学生自学能力。

2）利用网上专业实验平台，缓解建设资金矛盾，实现普适能力训练。

3）深化 IT 产业 / 专业教育合作，丰富主流自研案例，支持产业自主发展。

（2）**注重以赛促学，不断提升系统能力**　为了检验计算机系统能力培养成效，提升学生计算机系统能力水平，国内计算机教育界已经组织了 4 届 CPU 设计大赛、1 届编译设计大赛，参赛学生表现出的设计能力、创新潜力、综合素养充分表明了计算机系统能力培养的必要性与重要性。在智能时代，体现系统能力 2.0 的专业竞赛应进一步提升、整合与扩展，形成更多赛道，体现系统综合，推动更多学生参与和受益，切实提高学生新型计算系统能力。重点归纳如下：

1）形成系列化基本系统能力竞赛，增强系统综合能力。

2）注重算法创新与软件设计竞赛，提升软件设计能力。

3）参与智能机器人等专业型竞赛，扩展应用创新能力。

（3）**利用教育大数据，促进学生个性化自主学习**　在线学习已经成为获取知识的重要途径之一，在线学习平台通过获取学习者的学习行为，可给予及时的学习提示和引导，提高学习者个性化学习效率；教师通过学生群体在线学习行为，可获得学习大数据所呈现出的规律，发现共同难点，以提供针对性辅导。因此，通过对学习与教育过程形成的大数据进行智能分析，不仅可推进学生个性化自主学习，而且可提高专业教育教学的效率与效果。重点归纳如下：

1）探讨计算机专业教育大数据及其智能分析。

2）基于学习数据，促进学生个性化自主学习。

3）利用大数据，提高专业教育教学效率与效果。

（4）**建设核心专业，提升计算机类专业教育水平**　由于新型计算技术在智能时代的核心作用以及深入且广泛的领域应用，无论是实际需求，还是人为设置，客观上已经形成多达 10 余个专业的计算机类专业，甚至使得计算机学科正在朝着相对独立的学科门类发展。然而，无可置疑的是计算机科学与技术专业是计算机类的核心专业，只有切实办好该专业，才能有效提升计算机类专业整体教育水平。重点归纳如下：

1）切实提升计算机科学与技术核心专业教学水平。

2）依据不同计算机类专业目标，优化核心课程体系。

3）有效整合专业教育资源，提高计算机类整体教育水平。

2. 智能时代计算机专业系统能力培养专题研究

智能时代计算机专业系统能力培养研究组在计算机系统能力培养研究与实践的基础上，自 2018 年 1 月起就计算机专业教育发展历程、智能时代计算机科学与技术发展动态和特征及其对计算机专业教育的影响分析、智能时代人才需求及其能力素养要求、智能时代计算机专业人才培养等开展了专题研究。

研究组在专题研究和专业调研基础上，形成智能时代计算机专业系统能力培养纲要撰写提纲，组成纲要总体、数理基础、计算平台、算法与软件、共性应用共五个小组分别撰写相关内容，并在总体组集体审稿基础上，进一步完善纲要内容。

智能时代计算机专业系统能力培养专题研究简称为"系统能力 2.0"。

研究组组成人员如下：

- **总体组**

  周兴社　　王志英　　马殿富　　武永卫　　温莉芳

- **数理基础组**

  马殿富　　古天龙　　贲可荣　　张　晓　　范红军　　王捍贫

  席政军　　黄定江　　戴明强

- **计算平台组**

  金　海　　臧斌宇　　吴功宜　　高小鹏　　袁春风　　安　虹

  陈文光　　陈向群　　陈海波　　石宣化　　张　昱　　夏虞斌

  吴　英　　姚　远　　龚奕利　　陆　枫

- **算法与软件组**

  李宣东　　毛新军　　姚　新　　孟小峰　　左志强　　汤恩义

  章　毅　　于　戈

- **共性应用组**

  庄越挺　　周兴社　　陈云霁　　史元春　　史豪斌

致　　谢

感谢教育部高等学校计算机类专业教学指导委员会！

在智能时代计算机专业系统能力培养研究和纲要撰写过程中，新一届计算机类专业教学指导委员会将计算系统能力培养列为重要工作，对该项目给予了有力的支持与指导。教指委主任吴建平院士在首届中国计算机教育大会上做了计算机系统能力培养的大会报告，并担任智能时代计算机教育系列教材编辑委员会荣誉主任；教指委副主任陈钟教授、傅育熙教授、古天龙教授多次参加了专题研讨或专题论坛，并给予了研究思路和纲要撰写的具体指导；教指委多名委员参与了部分专题研讨或纲要撰写。对教育部高等学校计算机类专业教学指导委员会给予的支持与指导表示感谢！

感谢机械工业出版社华章分社！

在智能时代计算机专业系统能力培养研究和纲要撰写过程中，机械工业出版社华章分社以教育情怀，始终参与其中，并安排专人协助组织专题研讨、专业调研、年度论坛、纲要撰写、课程建设等具体活动，保障研究工作的顺利开展和支持研究成果的实施。温莉芳副总经理作为总体组成员具体策划和组织相关活动，并对研究过程和纲要撰写提出建议；姚蕾、朱劼、游静等华章分社工作人员为专题研究和纲要撰写做了大量具体协调、活动实施等工作，为保障此项工作有序顺利进行付出很多辛劳。对她们的贡献表示感谢！

感谢相关学校计算机学院！

在智能时代计算机专业系统能力培养研究、专业调研以及纲要撰写过程中，研究组得到多个学校计算机学院主管领导的支持和帮助，或提供信息、推荐专家，或组织座谈、提出建议，或开展试点，为项目研究落地做出贡献。对相关学校计算机学院的支持表示感谢！

参 考 文 献

［1］ 教育部高等学校计算机科学与技术教学指导委员会. 高等学校计算机科学与技术专业人才专业能力构成与培养 [M]. 北京：机械工业出版社，2010.

［2］ 教育部高等学校计算机科学与技术教学指导分委员会系统研究组. 计算机专业学生系统能力培养和系统课程体系设置研究 [J]. 计算机教育，2013（9）.

［3］ ACM/IEEE. Computing Curricula 2020：Paradigms for Global Computing Education [EB/OL]. http://www.cc2020.net/.